JOHN C. LILLY

DER SCIENTIST

D1694152

JOHN C. LILLY
DER SCIENTIST

SPHINX VERLAG BASEL

Aus dem Amerikanischen
von Werner Pieper, mit Hilfe von Sharon Levinson
und Mimo Moll.

CIP-Kurztitelaufnahme der Deutschen Bibliothek

Lilly, John C.:
Der Scientist John C. Lilly. (aus d. Amerikan. von
Werner Pieper). – Basel: Sphinx-Verlag, 1984.
(Edition 23)
Einheitssacht.: The scientist dt.
ISBN 3-85914-413-8

1984
© 1984 Sphinx Verlag Basel
Alle deutschen Rechte vorbehalten
© 1978 Human Software Inc.
Originaltitel: The Scientist
Umschlagbild: Christian Vogt
Umschlaggestaltung: Thomas Bertschi
Gestaltung: Charles Huguenin
Satz: Typobauer GmbH, Scharnhausen
Druck und Bindung: May & Co., Darmstadt
Printed in Germany
ISBN 3-85914-413-8

Für Antonietta
die mit ihrer Wärme, Liebe, Anteilnahme und ihrem diplomatischen Geschick ein dyadisches Heim geschaffen hat – eine Dyade, einen Seinszustand und eine Atmosphäre; die uns selber, unseren Freunden, unsern Kindern und jenen Besuchern, die auf unserer Wellenlänge schwingen, immer neuen Mut gibt.

«Was ich Dir schuldig bin, verbindet uns in alle Ewigkeit.»
Frank Herbert
Das Dosadi Experiment

Inhalt

Dank

Ohne die Hilfe seiner Berufskollegen, ein paar Freunden und seiner besten Freundin, Toni, wäre der Autor nicht hier, um dieses Buch zu schreiben. Dank für die Unterstützung und die selbstlosen Unterweisungen gebührt Robert Waelder, Fritz Perls, Richard Price, Burgess Meredith, Grace Stern, Phillip Halecki, Joseph Hart, Will Curtis, Stanislaf Grof und einigen anderen Freunden, die anonym bleiben werden. Kritische Zeiten wurden sicher überstanden, und der Autor überstand die vielen Reisen in andere Bereiche der Realität mehr oder weniger intakt. Besonders tiefer Dank gebührt den Fachleuten, die ihm in Zeiten, in denen es notwendig war, bewusst Hilfe zukommen liessen: Robert Mayock, Mike Hayward, Hector Prestera, dem verstorbenen Craig Enright, Louis J. West, Steven Binnes und der verstorbenen Caroll Carlsen. Mitarbeiter von fünf Krankenhäusern halfen ihm mit ihren medizinischen, chirurgischen und Notbehandlungen durch die schmerzvollen Perioden des Leidens. Das Esalen Institut in Big Sur in Kalifornien bot in kritischen Zeiten Hilfe, Sympathie und Toleranz. Besonders tiefer Dank sei Tobi Sanders, Beatrice Rosenfeld und Elaine Terranova für ihre liebevolle Sorgfalt bei der Bearbeitung des Originalmanuskriptes ausgesprochen. Sie formten aus einem monolithischen Wälzer ein für die Leser leicht lesbares Buch.

Der Isolationstank war (und ist) ein wichtiges Hilfsmittel der Inspiration, der Ruhefindung von der äusseren Realität und deren mannigfaltigen Anforderungen/Transaktionen. Seine Möglichkeiten, den Körper

11

(wenn auch nur begrenzt) von der Schwerkraft zu befreien, ermöglicht(e) eine tiefe Ruhe/Schlaf für den beschädigten Körper und/oder den/das Verstand/Geist/Gehirn.

Dankbarkeit wird den Delphinen gegenüber empfunden, diesen leidenschaftlichen und uralten Wasserintelligenzen, deren Lehren uns in einer wundervollen selbstlosen Liebe und Toleranz vermittelt werden. Mit ihnen überleben wir, ohne sie gehen wir unter.

Mitteilung an den Leser

Vom üblichen Standpunkt aus gesehen, zeichnet dieses Buch die inneren und äusseren Erfahrungen des Autors auf. Darüber hinaus ist es für die Leser seiner vorausgegangenen Bücher eine Fortsetzung. Zudem ist es auch noch autobiografisch.

Die Form dieser Arbeit wurde gewählt, um dem Autor die Freiheit zu geben, die tief empfundenen und intensiv erlebten Ereignisse mit einem Maximum an Klarheit wiedergeben zu können. Einige dieser Ereignisse hatten in den Organisationen, in denen er arbeitete, wechselwirkende Kräftespiele zur Folge. Die hier vorliegende Form der Berichterstattung wurde gewählt, um diese Ereignisse vermitteln zu können, ohne sich selber oder seine Freunde innerhalb dieser Organisationen zu gefährden.

Er fühlte und fühlt, dass die hier gebrauchte Form ihm die Möglichkeiten gibt, einen Standpunkt von grösstmöglicher neutraler Objektivität einzunehmen.

Wir sind alle menschlich. Keine uns bekannte nichtmenschliche Intelligenz liest was wir schreiben oder hört was wir sagen. Also kommunizieren wir nur miteinander, mensch-bezogen. Wir urteilen aufgrund menschlicher Normen. Wir leben für menschliche Ziele.

Wir ignorieren andere möglichen Intelligenzen und die Kommunikation mit ihnen. In gewissem Sinne leiden wir alle unbewusst an einem Unwohlsein, das ich «Interspezies-Entzug» nenne. Wir kennen ausserhalb unserer Gattung keine Chronisten menschlicher Ereignisse, keine

Richter, die nicht-menschliche Kriterien benutzen. Wir haben ausser der unsrigen keine Geschichte des Planeten. Alles ist anthropozentrisch: unsere Wirtschaft, unsere Gesetze, unsere Politik, unsere Wissenschaften, unsere Literatur, unsere Organisationen. Unsere Körper in ihrer anthropomorphen Form beschränken uns auf menschliche Aktivitäten und menschliche Kommunikation; ein menschliches Mass.

In dieser Arbeit bezieht sich der Autor manchmal auf nicht-menschliche Wesen beziehungsweise Wächter, die er in den Tiefen seines Selbst mehrfach erlebt hat. Von dem uns allen geläufigen menschlichen Blickpunkt aus bezeichnen wir solche Ereignisse und deren Niederschriften als Fiktion. In diesem Sinne ist dieses Buch eine Fiktion, eine erdachte Schöpfung des Autors.

Von einem weniger menschbezogenen Blickpunkt aus ist jegliche menschliche Kommunikation Fiktion. Wir füllen unsere riesigen Wissenslücken über das wirkliche Universum mit eingebildeten Erklärungen aus. Selbst unsere besten Wissenschaften wurden und werden doch nur von Menschen durchgeführt, die in Abgeschiedenheit auf 2,9 Prozent des trockenen Teiles eincs kleinen Planeten in einem kleinen Sonnensystem in einer isolierten Galaxie arbeiten.

Auf der Oberfläche unseres Planeten gibt es noch andere – nicht-menschliche – Intelligenzen, die zudem noch viel älter als wir sind. Sie sind immer nass, wir sind immer trocken. Wir sind von ihrer seegebundenen Kommunikation abgeschnitten und verfolgen unseren vernichtenden Kurs, ohne sie zu Rate zu ziehen. Wir betrachten sie als ökonomischen Faktor, den es für die menschliche Industrie auszubeuten gilt. Wir stufen sie als «Tiere» ein, so als ob wir nicht selber Tiere wären.

So gesehen ist unser heutiger Standpunkt den Delphinen und Walen gegenüber eine gekünstelte Fiktion, falls der Autor Recht hat. Es ist eine Fiktion, eine erdachte Erklärung einer kranken Spezies, nämlich der menschlichen. Falls der Autor unrecht haben sollte, so erfindet er hier nur eine neue Fiktion, die man all den anderen Romanen beifügen mag. In diesem Falle ist er nur demselben Vorstellungswahn zum Opfer gefallen, dem die meisten Menschen fröhnen.

Was die Zukunft uns, lieber Leser, auch immer beweisen wird, lies bitte weiter und erfreue Dich. Falls Du Dich in der Annahme sicherer fühlst, dieses Buch sei ein Roman, dann ist das ok. Wenn Du allerdings das Gefühl hast, dass es hier um etwas Tiefgreifendes geht, dann nimm es an. Vielleicht lernst Du auf diese Weise etwas, in einer umfassenderen Perspektive, über Deine eigene Menschlichkeit.

Einführung

Nach einigen Kommentaren und Kritiken zum Originalmanuskript und der gebundenen Ausgabe dieses Buches *Der Scientist* von Freunden, Kollegen und Kritikern erscheint es mir angebracht, dem Buch noch einige Erklärungen voranzustellen. Ich wählte den Titel *Der Scientist* absichtlich, um meinen Glauben über die Rolle eines wahren Wissenschaftlers zu illustrieren. Dabei handelt es sich um jemanden, der nicht danach strebt, nur ein «Naturwissenschaftler», ein «Geisteswissenschaftler» oder ein Wissenschaftler der Schönen Künste zu sein, sondern all dies und noch mehr erforschen will. Meine Definition von Wissenschaft gleicht der von James Conant, nur habe ich sie etwas erweitert. Er sagt: «Wissenschaft ist die Anwendung der bestmöglichen Gedanken und intellektuellen Fähigkeiten zur Lösung von Problemen.» Ich habe dieser Definition Conants noch folgende geografische Fussnote beigefügt: «Diese Probleme müssen nicht auf die klassischen äusseren Realitäten der Naturwissenschaften beschränkt sein. Diese Probleme schliessen die innere Realität des Beobachters und die Schnittstelle zwischen äusseren und inneren Realitäten mit ein.

Wenn man seine bestmöglichen Gedanken der Erforschung des Gehirns widmet, so erfordert dies einen Blickwinkel, der die Einzigartigkeit des Gehirnes als Studienobjekt der Wissenschaft mit einschliesst. Jeder von uns kann diese Einzigartigkeit intuitiv erkennen. Ich befinde mich innerhalb meines Gehirns, es enthält mich. Trotzdem ist mein Gehirn

15

Teil der äusseren Realität. Man kann es also auch als ein äusseres Objekt studieren. Ich kann mich, meine inneren Realitäten, meine Gedanken, Gefühle und Vorstellungen untersuchen. Ich kann mein Gehirn nicht wie zum Beispiel ein Neurochirurg von aussen studieren. Kein Aussenstehender kann meine inneren Realitäten direkt erforschen. Ein Beobachter kann meine Berichte über meine inneren Realitäten studieren und/oder einige meiner äusseren Verhaltensweisen und die Berichte dieses Verhaltens von mir und anderen untersuchen.

So ist es für die Gehirnforschung von allerhöchster Wichtigkeit, alle zugänglichen Informationsquellen der äusseren und inneren Realitäten zu ergründen. Über die äusseren Daten sind sich die Wissenschaftler einig. Da haben wir die Paläoanthropologie, die Embryologie, die Neuroanatomie, die Neurophysiologie, die Neuropathologie, die Neurologie usw. Das sind Wissenschaften, die das Gehirn als ein äusseres Funktionssystem erforschen. In den letzten hundert Jahren ist noch die Verhaltensforschung hinzugekommen.

Dieser Zweig der Gehirnforschung hat uns folgenden Ausspruch beschert: Der Geist/Verstand befindet sich innerhalb des Gehirns. Bestimmte Wissenschaftler glauben mit der Inbrunst einer wahren religiösen Offenbarung an diesen Satz. Sie streiten mit jedem, der diesen Glaubenssatz anzweifelt. Die klassischen Wissenschaften der inneren Realitäten sind die Psychologie, die Psychoanalyse, die Meditation, die Selbsthypnose, die Psychopharmakologie, die psychiatrische Forschung usw.

Vor ein paar Jahren fand ich ein zufriedenstellendes Modell, oder eine Vortäuschung, die als Brücke zwischen den «inneren» und «äusseren» Wissenschaften dienen kann, ja beide zu einem Ganzen vereint: der menschliche Biocomputer, seine Programmierung und seine Metaprogrammierung. In diesem Modell stellt das Gehirn als äusseres Objekt die Hardware des Biocomputers dar. Der innere Beobachter ist in diesem Modell durch das – und als ein Aspekt des – gerade operierenden Programmes des Biocomputers gegeben, dem Selbst-Metaprogramm. Diese Formulierung kann angewendet werden um die Hypothese, dass der Geist/Verstand im Gehirn enthalten sei, zu spezifizieren und zu erläutern. Ausserdem lässt sie sich heranziehen um zu begreifen, dass dieser Glaube an den gebundenen Geist/Verstand als Theorie wissenschaftlich noch nicht als wahr dargestellt werden kann.

Andererseits mag der menschliche Biocomputer durchaus ein örtlich konzentrierter Knoten- oder Fixpunkt im Netzwerk eines universellen Geistes/Verstandes sein, das zusätzlich andere, auch nicht-menschliche lokale Knotenpunkte auf diesem Planeten und anderswo enthält. Dieser Glaube an den ungebundenen Geist/Verstand oder diese Hypothese setzt undichte Stellen im Informationsaufbau des Verstandes verschiedener

Wesen voraus, die bislang durch die herkömmlichen Naturwissenschaften nicht erklärt werden können. Dieser Glaube ist viel älter als der, dass der Geist im Gehirn gebunden sei. Man findet ihn in vielen Religionen wieder.

Ich für meine Person kann weder die eine noch die andere Hypothese als die allein wahre, ausreichende akzeptieren, ohne an die jeweils andere als Alternative zu glauben. Meine Überzeugung hängt von meinem jeweiligen Geisteszustand ab: auf bestimmten Bewusstseinsebenen arbeitet mein Verstand innerhalb meines Gehirns; in anderen Bewusstseinszuständen ist mein Verstand nur Teil eines grösseren Geistes ausserhalb meines Gehirns, ja im Raum/Zeit-Konsensus weit jenseits der Grenzen meines Gehirnes. In solchen Zeiten befinde ich mich in einem Zustand, den ich weder mit dem «meinen» noch mit «Ich» beschreiben kann. Ich verschwinde im «Wir».

Solche Zustände erfordern jedoch eine neue Bewertung des Modells. Die modernen Wissenschaften der äusseren und inneren Realitäten reichen angesichts der oben beschriebenen Thesen nicht mehr aus. Damit bessere Hypothesen entstehen können, müssen von beiden Realitäten bessere Daten gesammelt werden. Vorher kann kein wirklicher Erforscher des Innern/Äussern an eine der beiden Hypothesen glauben. Da nun die Notwendigkeit einer neuen Hypothese offensichtlich ist, wird sich früher oder später eine dritte Alternative finden lassen.

Ich bin davon überzeugt, dass auf beiden Seiten Dogmen entstehen, solange der einen Seite die Erfahrungen der anderen fehlen. «Lasst uns», so Aldous Huxleys letzte Worte, «menschenfreundlicher zueinander sein». Toleranz wird uns die neuen benötigten Daten bringen, um eine neue überbrückende Hypothese zu finden.

Zurück zu diesem Buch und seinem Titel *Der Scientist:* hier wird auf eine Art der neue Standpunkt dargelegt, dass ein wahrer Wissenschaftler sowohl mit den inneren wie auch mit den äusseren Realitäten als wahr und wirklich umgehen muss. Sie sind es wert untersucht und beschrieben zu werden. Dieses Buch illustriert den Leitsatz, den ich anderswo niedergeschrieben und hier für dieses Buch erweitert habe: «Was man in der Geistes-/Verstandessphäre als wahr erachtet, ist entweder wahr oder wird innerhalb bestimmter Grenzen wahr. Diese Grenzen werden durch Experimente und Erfahrungen abgesteckt. Diese Grenzen werden, sobald sie einmal erkannt sind, als weitere Glaubensbelege transzendiert. Der Körper hat eigene bestimmte Grenzen, die durch Experimente und Erfahrungen herausgefunden werden können. Das Überschreiten dieser Grenzen kann zum Tod des Körpers führen.»

Kapitel 0

Wo fängt eine Autobiografie an? Sollte sie mit der ersten bewussten Erinnerung des Autors beginnen? Oder mit seiner Geburt, von der andere berichteten? Mit seiner embryonalen Entwicklung? Dem Anfang seiner Spezies beziehungsweise deren Bewusstwerdung? Dem Beginn des Lebens auf diesem Planeten? Dem Anfang des Universums? Dem Nichts?

Diese Fragen sind nicht leicht zu beantworten. Deshalb entschied ich mich, diese Biografie meiner selbst mit mir vor meinem menschlichen Erscheinen zu beginnen. Ich fange im Vorwort mit der erdachten Schöpfung des Universums im Sinne des *Sternenschöpfers* von Olaf Stapledon an. Meine Schöpfungsgeschichte umfasst den Beginn bewusster Wesen. Einige wenige davon wurden Menschen, die blieben jenseits des Menschseins, jedoch im Kontakt mit einigen Menschen. In dieser Version meiner Schöpfungsgeschichte war ich einst eines der Wesen, das vorzog Mensch zu werden. Davon handelt das erste Kapitel «Ein Wesen trifft eine Wahl». Als Mensch gelange ich in den embryonalen Zustand und werde geboren (Kapitel 2). Ich werde zum Säugling (Kapitel 3).

Verglichen mit meinen Erinnerungen an das Drama meiner Entwöhnung sind die Erinnerungen ans Säugen sehr schwach und verschwommen (Kapitel 4). Mit dem Entzug kommt, von Wut und Angst begleitet, die Entwicklung meines wahren Selbst. Meine Aufzeichnungen greifen hier auf die Erlebnisse und Erfahrungen meiner Psychoanalyse mit Robert Waelder zurück, der ich mich von 1949 – 1953 in Philadelphia unterzog. Diese Analyse bildet die Grundlage der Kapitel 5 bis 8, bis zum Ende der Analyse mit Robert.

Während der Psychoanalyse erzähle ich Robert von einem geheimen Wunsch. Ich möchte mit Hilfe von elektronischen Hilfsmitteln eine Kommunikation zwischen zwei Gehirnen herstellen, die nicht auf die Sprache und das Gehör angewiesen ist. Diese Idee wirkt in mir als starke Motivation zum Lernen und zur Erforschung des Gehirnes, der Biophysik und Elektronik, um dieses Vorhaben zu realisieren. Um diese äusserlich erforschten Systeme auszugleichen, versuche ich mit Robert die Ursprünge dieses Wunschprojektes zu ergründen, sowie die sozialen Konsequenzen, die seine Durchführung mit sich bringen würde, mir klar zu machen (Kapitel 9).

Um die Erforschung der inneren Bereiche voranzutreiben, entschloss ich mich, ein Hilfsmittel zur Isolierung von Körper und Gehirn von allen äusseren Einflüssen und Stimulanzien zu entwickeln, um so die Umwelteinflüsse auf ein Minimum zu reduzieren. Das gelang mir 1954 mit der Erfindung des Isolationstanks (Kapitel 10).

Während des Schwebezustandes im Isolationstank entwickeln sich bestimmte innere Realitäten, die bei speziellen Bewusstseinszuständen zu meinen Erlebnissen mit den drei Wächtern führten (Kapitel 11). Es scheint so, als ob diese drei Wächter innerhalb bestimmter Grenzen meine Zukunft kontrollieren. Ich habe dies «Zufallskontrolle» genannt (ähnlich C. G. Jungs Synchronizität). (Die Regeln dieser Zufallskontrolle habe ich in *Der Dyadische Zyklon,* Basel, 1982, Seiten 21 – 29, niedergeschrieben.)

Dann überkam mich wieder die wissenschaftliche Skepsis, ob der Glaube, dass der Geist/Verstand nicht doch im Gehirn zu lokalisieren sei, Recht habe. Sie klassifizierte die Realität der drei Wächter als eine Täuschung meines eigenen Geistes. Ich beschäftigte mich lange Zeit mit diesem Problem (Kapitel 12). Ich verliess in einer Zeit tiefgreifender Wandlungen das National Institute of Health (Kapitel 13).

Im Isolationstank meines Delphinforschungslabors auf den Virgin Islands nahm ich LSD 25. Die Resultate dieser Experimente verstärkten wieder meine Erlebnisse mit den Wächtern in neuer Klarheit und mit neuer Energie. Eine tiefergehende Analyse der grundsätzlichen Motivation wurde ermöglicht (Kapitel 14).

Neue Gesetze beendeten die LSD-Forschung, und aus meinen veränderten Gefühlen für Delphine ergab sich das Ende dieser Delphinforschung (Kapitel 15). Ich zog ins Esalen Institut in Big Sur, Kalifornien und suchte nach neuen Erkenntnissen und neuen Methoden der Selbsterforschung und Selbsterfahrung. Acht Monate verbrachte ich aus diesem

Grunde in Arica in Chile. Als ich zurückkam traf ich Toni. Wir schufen die Möglichkeiten für feste Workshops mit Isolationstanks in Malibu, Kalifornien. Die drei Wächter bestätigen mir ihre Realität (Kapitel 16) und ihre Kontrolle über meine Erfahrungen und meine Ausbildung.

Die Kapitel 17 – 21 beschreiben neue Erfahrungen in neuen Bewusstseinsstadien, die ich dreizehn Monate lang mit einer chemischen Substanz erreichte. Aus privaten Gründen und zum Schutze der Gesundheit der Öffentlichkeit werde ich diesen chemischen Agenten hier «Vitamin K» nennen.

Im Kapitel 17 führen die Erlebnisse mit K zu einem erneuten Treffen mit den Wächtern und zu einer Kommunikation mit ihnen innerhalb ihrer eigenen Realität. Diese Erlebnisse führen wiederholt zu todesnahen Erfahrungen und zu einer Einweisung ins Spital (Kapitel 18). Eine permanente Steigerung meines K-Verbrauches führt dazu, dass ich von seiner Wirkung verführt werde (Kapitel 19). Dabei kommt es zu einem direkten Treffen mit den Wächtern. Meine Verbindungen zur äusseren Realität lassen stark nach und ich ziehe mich in besorgniserregender Weise in mich selbst zurück (Kapitel 20). Ich lebe soviele Stunden wie es mir nur möglich ist in meiner inneren sowie in der ausserirdischen Realität (Kapitel 21).

Die drei Wächter erscheinen als Programmierer und Kontrolleure meines Lebens (Kapitel 22). Als mir ein Unfall den weiteren Gebrauch von Vitamin K verbietet, erzeugen neue Betrachtungen des Verstandes-Puzzles in mir den Wunsch, zur Delphinforschung zurückzukehren (Kapitel 23). Es schliessen sich zwei Simulationen der Zukunft von Mensch, Delphin und Wal an. Eine ist pessimistisch und verzweifelt, die andere, die auf der Kommunikation mit Delphinen und Walen basiert, ist optimistisch (Kapitel 23).

Der Epilog schildert den Neuanfang der Erforschung der Kommunikation mit Delphinen durch die Human/Dolphin Foundation. Seitdem ich das geschrieben habe, ist das Projekt Janus angelaufen. Hier wird mit Hilfe von Computern an der Kommunikation zwischen Mensch und Delphin gearbeitet. Die Computer-Hardware ist fertig, an der Software wird gearbeitet und die ersten Versuche haben im April 1980 in Marine World, Redwood City, Kalifornien mit Delphinen begonnen.

Zusätzlich habe ich 1978 noch ein weiteres Buch geschrieben: *Communication Between Man and Dolphin: The Possibilities of Talking with Another Species.*

Für die deutschsprachige Ausgabe des vorliegenden Buches schliesse ich noch ein Extrakapitel an, in dem es um meine neuesten Erfahrungen mit Vitamin K geht. Das Buch endet mit einem Frage- und Antwortspiel zwischen mir und Toni.

Es sieht so aus, als ob ich gegen Ende meines siebten Jahrzehnts noch weit davon entfernt bin, mein Leben abzuschliessen und mich zurückzuziehen. Ich hoffe, Dir werde die Geschichte, so wie ich sie in diesem Buch aufgeschrieben habe, gefallen.

Vorwort

Der Sternenschöpfer bewegte sich, erwachte aus seiner/ihrer Ruhe im Nichts. Bewusstsein-ohne-Objekt wandte sich selbst zu und sah, wie es sich selbst zuwandte. Im direkten Feedback mit sich selbst kreierte es die erste Unterscheidung: eine unendliche Reihe seiner Selbst im Wechsel mit dem Nichts, eine Sequenz der Abwechslung von Nichts und Wesen, Nichts, Wesen, Nichts, Wesen... Aus dem Nichts kam der Hyperraum, das erste Anzeichen seiner/ihrer erwachenden Schöpfung.

In der grössten Szene bildet der Sternenschöpfer sofort (in einem Zeitraum von 10^{-27} Sekunden), Hyperraum, Bewusstsein-ohne-Objekt, die erste Unterscheidung des Sternenschöpfers. Der Hyperraum wird vom Sternenschöpfer mit der Kraft seiner Kreativität begnadet.

Der Hyperraum bewegte sich simultan in zwei verschiedene Richtungen. So entstanden zwei Wirbel in ihm, die sich permanent ausdehnten und zusammenzogen. Der Sternenschöpfer hatte die zweite Unterscheidung geschaffen: zwei Hyperraumwirbel, die nebeneinander und miteinander tanzten. Nichts dergleichen hatte es bislang gegeben. Der Sternenschöpfer, sein Hyperraum, seine zwei Wirbel und das Nichts waren die einzigen kosmischen Inhalte. Die Wirbel trennten und verbanden sich, tanzten zusammen, um sich dann wieder zu trennen und zu finden. Als sie sich miteinander verbanden, baute sich eine orgiastische Energie auf; immer höher und höher erschien die positive liebende Energie, die dritte Unterscheidung: Liebe.

Auf dem Höhepunkt der Annäherung der zwei Wirbel verschmolzen sie im Orgasmus miteinander. Aus diesem orgiastischen Treffen entsprangen zwei neue Wirbel, so dass sich nun vier Wirbel im Hyperraum rumtrieben. Die zwei neuen tanzten, tauschten mit den ersten beiden ihre Plätze aus, bildeten neue Paare. Die dyadische Schöpfung im Hyperraum nahm ihren Lauf.

Jedes dieser Wirbelpaare war winzig (kleiner als 10^{-33} cm^3), gerade ein Anfang von Spuren der Gewissheit, von Wahrscheinlichkeiten im tiefen Ozean der Undefinierbarkeit.

Jedes der Paare tanzte mit anderen Paaren und so wurde die erste Gruppe von Paaren im Hyperraum gebildet. Die vierte Unterscheidung: die Gruppe.

Aus dieser ersten Gruppe von Wirbeln im Hyperraum entstand der Ursprung von Raum/Zeit, gewöhnlicher Zeit, gewöhnlichem Raum. Aus diesem Ursprung entstanden die ersten Partikeln gewöhnlicher Materie – einer geschlossenen Gruppe tanzender Wirbelpaare die «Ich bin» sagten. Diese Gruppe wirbelte in eine Richtung, erkannte sein Spiegelbild genau in die andere Richtung tanzen – eine zweite Partikel Materie war geschaffen: Antimaterie. Die Gruppen verschmolzen, entwindeten ihre Wirbel und wurden zur ersten strahlenden Energie die als Photonen reisten: zwei voneinander fliehende Felder, die Licht in die neue Raum/Zeit brachten.

Es folgte eine unendliche Sequenz von Gruppen im Hyperraum. Sie entwickelte die vorzeitliche Materie des Ursprungs. Während sich Wirbelpaare aus dem Hyperraum entfernten, wurde die Materienmasse in eine grosse Bombe zusammengepackt, genau im Zentrum des Raum/Zeit-Ursprunges. Das Wachstum der Bombe dauerte Milliarden von Jahren Normalzeit. Plötzlich (mit einer Dichte von 10^{18} Gramm pro cm^3) explodierte sie als erste einer Reihe von Urknällen.

Materie verbreitete sich und bildete dabei mehr Raum/Zeit aus dem Hyperraum; sie wirbelte, bildete Nebel, Galaxien in Spiralform, Sterne, Planeten, die sich alle als Nachkommen der vorzeitlichen Wirbelnaturen miteinander drehten.

Der Sternenschöpfer beobachtete seine Schöpfung, seine neue sich ausweitende Kreation aus kondensierten Wirbeln aus dem Hyperraum, aus dem Bewusstsein-ohne-Objekt. Er beobachtete, wie sich seine Schöpfung selbst entwickelte und das Bewusstsein seiner Selbst in jedem einzelnen Teil.

Kommunikationsverbindungen, wahllose Signale tauchten auf, verbanden Teil mit Teil, das Ganze mit einem Teil, einen Teil mit dem Ganzen – bewusste Verbindungen zwischen bewussten Teilen und dem bewussten Ganzen.

Innerhalb des Ganzen erwachten die einzelnen Teile. Jeder Teil nahm an, er sei das Zentrum. Die alte Erinnerung an das ursprüngliche Wirbelpaar steckte in jedem Teil. Jeder Partikel, jedes Atom, jedes Molekül, jeder Organismus, jeder Planet, jeder Stern, jede Galaxie hielt sich selbst für einzigartig, als erste Manifestation seiner Klasse. Mit zunehmendem Alter erkannte jedes Wesen, dass es nicht so einzigartig, sondern universell war. Seine Schöpfung, sein Platz im neuen Universum, alles war eine Folge der ersten Schöpfung im Hyperraum und der konstituierenden Wirbeldyaden.

Jedes Wesen existierte an zwei Stellen gleichzeitig: in der normalen Raum/Zeit und in einer Verbindung zum Hyperraum, einer Verbindung zum Bewusstsein-ohne-Objekt, einer Verbindung zum Sternenschöpfer. Als sich das Selbstbewusstsein entwickelte, war jedes Wesen mit einem doppelten Bewusstsein begnadet; dem Bewusstsein seines Selbst und dem Bewusstsein seiner Verbindungen. Während sich jedes Wesen weiterentwickelte, konnte es sich an seinen Ursprung, seine wahre Herkunft, seine im Universum verankerte Natur erinnern. Jedes Wesen erkannte sich selbst als Teilchen eines kleinen Ganzen und dieses als Teil eines grossen Ganzen.

Der Sternenschöpfer erlaubte es jedem Wesen, innerhalb eines begrenzten Rahmens der Zeit, Raum/Zeit und dem Hyperraum eigene limitierte Wahlen zu treffen. Der Hyperraumanteil eines jeden Wesens blieb bewusst mit dem Ganzen in Kontakt. Jedes Wesen konnte seine Erinnerungswerte an seine Evolutionserinnerungen und seine Verbindungen zum Hyperraumganzen auf ein beliebiges Mass beschränken. Am Ende einer jeden Evolution seiner bestimmten Form würde jedes Wesen wieder zum Hyperraum, zum Ganzen, zum Bewusstsein-ohne-Objekt zurückkehren und eins mit ihm werden.

Es war gleichgültig ob das Wesen eine Galaxie, ein Planet, ein Stern, ein Sonnensystem, ein Organismus oder sonstwas war, was auch immer sein einzigartiges Selbst sein mochte, am Ende wurde es zum Nichts in Relation zur normalen Raum/Zeit, da es wieder Teil des Bewusstseins-ohne-Objekt im Hyperraum wurde. Dort war es ihm gestattet, sein individuelles Selbst zu versammeln und in einer neu gewählten Form in die normale Raum/Zeit zurückzukehren, wann immer genügend Raum zwischen den anderen Wesensmanifestationen herrschte. Einigen Wesen, die fortgeschrittene Stadien erreicht hatten, wurde eine Erinnerung all ihrer Formen durch ihre verschiedenen Entwicklungen gestattet. Sie erinnerten sich an den Hyperraum, eine andere Form, die Rückkehr zum Hyperraum und ihre Weiterentwicklung aus dem Hyperraum.

Der Scientist

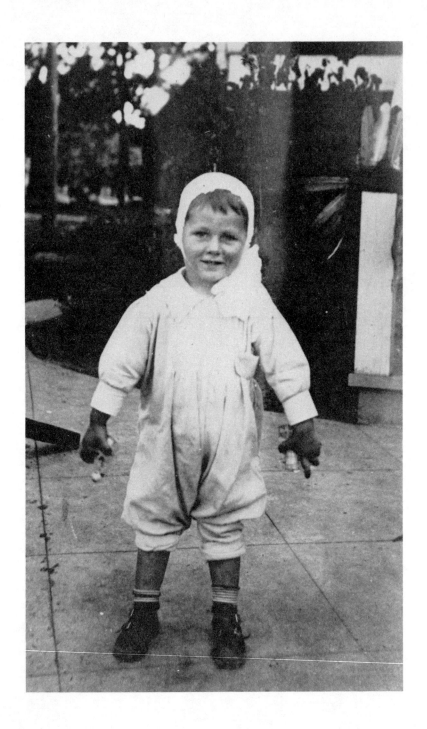

1

Ein Wesen trifft eine Wahl

Unter den Milliarden von Wesen, die nach dem Grossen Knall der vorzeitlichen Bombe erschaffen wurden, war eines, das auf seiner Reise durch
die Schöpfung des Sternenschöpfers mannigfaltige Formen annahm. Sein
Anteil Bewusstsein-ohne-Materie wurde alsbald vom grossen vorzeitlichen Bewusstsein-ohne-Materie abgetrennt und bekam den Status eines
individuellen Bewusstseins zugeteilt. Sein Wissen speicherte sich während seiner Wandlungen von Form zu Form im Netzwerk.

Die dort enthaltenen Erinnerungen bezogen sich nur auf die Wandlungen, und das Wesen behielt die Erinnerung an seine Individualität. In
jeder neuen Form wurde es ihm gestattet, aufgrund neuer Erfahrungen
neue Erinnerungen zu speichern. Es war ihm vergönnt, sich nach einer
unendlich langen Kette der verschiedenen Formen zu einem Zeitpunkt
eine bestimmte Galaxie, einen bestimmten Stern in einem bestimmten
Sonnensystem, einen bestimmten Planeten und eine bestimmte Form
auf diesem Planeten zu wählen.

Es ruhte im Hyperraum und aus dieser Ruhe heraus sann es über den
Planeten und die Organismen auf diesem Planeten nach. Daraufhin wählte
es seine neue Gestalt.

Auf diesem bestimmten Planeten gab es eine Vielfalt verschiedenster
Organismen, zu viele um sie zählen zu können. Die Gestalt, die es wählte,
war eine menschliche.

Es untersuchte die gewählte Form, die entsprechend notwendigen

Schritte der Befruchtung, der Ruhe im Uterus und der Geburt durch ein bestimmtes Elternpaar. Es wählte zwischen weiblich und männlich, den beiden alternativen Formen des Menschen.

Es traf die Wahl männlich zu werden. Von dieser vorteilhaften Stellung aus liess es männliches Sperma das weibliche Ei befruchten. Es wählte den genetischen Code aus, der das Wachstum seiner Gestalt in der Zukunft regulieren würde. Es wählte einen bestimmten genetischen Code, indem es zwischen den zur Verfügung stehenden Spermien und Eiern seiner Eltern auswählte.

Als es sich nun für einen bestimmten Entwicklungsweg entschieden hatte, schlüpfte es in ein bestimmtes Sperma, mit diesem in ein bestimmtes Ei und veranlasste die Befruchtung des Eies.

Als nun dieses Sperma auf dieses Ei traf und sich das nukleare Material der beiden zu einer einzelnen Zelle verschmolz, gab es im Bewusstsein dieses Wesens eine gewaltige Explosion. Plötzlich entstand ein Individuum, das nun die weitere Entwicklung seiner endgültigen Form übernahm, sie regulierte und kontrollierte – Mitose und Meiose. Es wuchs, ruhte sich im Uterus von den Anstrengungen seiner Wahl aus und überliess das Entstehen der gewählten Gestalt den automatischen Mechanismen des genetischen Codes.

2

Geburt

Das ruhende Wesen im Uterus war sich seiner Gestalt, die sich zuerst als Embryo und dann als Fötus entwickelte, bewusst.

Plötzlich war seine neue Heimat eng, einengend. Es fühlte sich eingeklemmt. Es fühlte sich zusammengepresst. Es fühlte sich in Todesnot. Die tiefe Röte, das Lila seiner Existenz wurde plötzlich zu einer unangenehmen, bedrohlichen Enge. Sein örtliches Universum entpuppte sich als ein Ort des Aufruhres. Es bewegte sich, wallte und wogte und schien das Wesen durcheinander zu wirbeln. Das Wesen entfernte sich von dieser lokalen Katastrophe, verliess sie langsam und beobachtete sie von aussen. Es sah seine Mutter ganz klar, sah, wie sie sich mühte, ihn zu gebären. Es sah, wie sich der Geburtskanal öffnete. Es sah wie ein Kopf auftauchte. Mehrere Stunden war der Kopf im Geburtskanal gefangen. Dann verstand das Wesen den Druck, die Zerstörung und das Ende seiner Ruhe. Es wartete und beobachtete.

Plötzlich brach der Kopf hindurch und der Körper kam heraus. Das Wesen sah nun ein vollendetes, menschliches, männliches Baby. Es kehrte in den Körper des Babys zurück und aktivierte das Atemsystem. Es zog frische Luft ein und brachte die neuen Lungen zum arbeiten.

Wie nie zuvor wurde es von einer Welle neuer Erfahrungen überflutet: explosive Lichtstrahlen, ein Schütteln und Zittern, die Kühle auf der Haut. Zum ersten Mal empfand es seine Haut als eine Verpackung, als Begrenzung des Selbst. Es hörte zum ersten Mal die eigenen Schreie, die anfänglich von aussen zu kommen schienen. Langsam aber sicher begriff es, dass es diese Klänge freiwillig und selber ausstiess.

Es war ein langer Aufenthalt in dieser Kälte, in diesem zu hellen Licht und dazu abgeschnitten von der gewohnten Wärme.

Plötzlich versiegte das Geschrei. Sein Mund wurde gegen eine sanfte, warme Oberfläche gestossen. Plötzlich fing es an zu saugen. Es schluckte eine warme Flüssigkeit, die es an den warmen Ruheplatz erinnerte. Es fühlte, wie es die warme Milch in sich aufnahm und Eins mit ihr wurde.

3

Säugling

Als es erstmals mit Milch gefüllt war, zog es sich noch einmal in den Hyperraum zurück.

Vom Hyperraum aus sah es den menschlichen Säugling an der Brust der Mutter. Nun schlief er. Es beobachtete, wie die Mutter den zerbrechlichen kleinen Körper emporhob, ihn in einen Korb legte und ihn zudeckte, um ihn vor der Kälte des herrschenden Klimas zu schützen.

Es erkundete das elterliche Haus und fand in einem anderen Raum einen spielenden Jungen. In diesem Jungen sah es Abwehr. Der Junge sträubte sich dagegen, dass ihm das neue Baby die Mutter weggenommen hatte. Der kleine Junge konnte sich nicht mehr an seine eigene Geburt, an seine eigene Zeit als Säugling erinnern. Er dachte nur noch an die Entwöhnung, die vom neuen Kind verursachte Trennung von der Mutter. Diese Abwehr bewölkte sein Bewusstsein und erfüllte ihn mit Zorn.

Das neue Wesen beobachtete, wie sich der kleine Junge entschied, dem neuen Kind seinen Zorn zu zeigen. Es beobachtete, wie er in das Zimmer ging, in dem das Baby in seinem Körbchen lag. Es sah, wie der Junge hochkletterte und das Baby schlug. Das neue Wesen begab sich schnell in den Körper des kleinen Kindes zurück und fühlte dort, wo der Junge hinschlug, zum ersten Mal Schmerz. Es schrie. Die Mutter kam ins Zimmer und zerrte den Jungen fort. Sie schimpfte mit ihm. Das neue Wesen verliess wieder seinen Körper und liess das Kleinkind zurück.

Es beobachtete, wie der kleine Junge von seiner Mutter eine Tracht Prügel bekam, weil er das neue Kind misshandelt hatte. Das neue Wesen verspürte die Liebe der Mutter für beide, ihren Zorn dem Grösseren gegenüber und die beschützende Zuneigung dem Neugeborenen gegenüber. Das neue Wesen fühlte den Lebenswillen der Mutter, den sie in die neue Triade, die neue Dreiecksbeziehung steckte, während sie andererseits auch um ihre neue Dyade Mutter und Kind kämpfte.

Es folgte eine lange Phase des Säugens, des Schlafes, des Schreckens, des Schlafes, des Säugens usw. Sie schien endlos. Das Kleinkind wuchs heran und das Wesen gewöhnte sich immer mehr an seinen menschlichen Körper. Das Wesen verliess diesen Körper immer seltener, erhielt aber eine schwache Verbindung zum Hyperraum aufrecht.

Das Wesen fing an, den Klängen seiner Umgebung zu lauschen. Es speicherte diese Millionen und Milliarden von Klangerfahrungen.

Von seinem abgehobenen Beobachterposten im Hyperraum realisierte es schliesslich, dass die Wesen, die Menschen, durch diese eigenartigen Klänge, die sie produzierten, mit Worten und Sätzen kommunizierten. Es fand heraus, dass es diese Klänge auf eine primitive, langatmige Art mit dem eigenen Mund imitieren konnte. Es konnte das eigene Wesen mit Klängen zum schwingen bringen. Dabei handelte es sich nicht nur um Schreie, nicht nur um Gegurgel, sondern auch um Vokale und Konsonanten. Wenn es im Körper steckte, wunderte es sich über die Bedeutung dieser Klänge. Es beobachtete, wie sich Mutter und Vater mit Hilfe dieser Klänge und durch ihre Körpersprache miteinander kommunizierten.

Langsam aber sicher erhielten diese Klänge eine Bedeutung. Das Wesen merkte, dass es John genannt wurde. Das andere männliche Kind wurde Dick gerufen. Auch der Vater wurde von der Mutter «Dick» genannt, aber das klang ganz anders, als wenn sie ihren älteren Sohn mit diesem Namen anredete. Schliesslich wurde das Baby aus dem Korb genommen und in ein Bettchen gelegt. Dort begann es, die eigenen Arme und Beine, den eigenen Körper zu erfahren, so, als wäre dieser ausserhalb des Selbst. Es fand heraus, dass es eine Bewegung ausführen konnte, wenn es nur daran dachte. Der Körper gehorchte seinen Wünschen.

Es entdeckte, dass es sich drehen und an den Seiten des Bettes hochziehen konnte. Es fand heraus, dass es stehen und klettern konnte. Es bemerkte, dass es stehend viel mehr vom Raum sehen konnte als liegend. Es sah die Zimmerwände zum erstenmal aus einer stehenden und nicht liegenden Position. Immer wieder erlebte es die Kälte und Dunkelheit der Nacht. Es bemerkte, wie die Sonne aufging und das Zimmer regelmässig mit Licht füllte. Das Licht kam und ging in einem gleichbleibendem Rhythmus. Es erfuhr die *Zeit* auf diesem Planeten.

Es bemerkte, dass es weinte, wenn es sich nicht wohl fühlte, und dass dieses Weinen die Mutter herbeilockte. Es fand heraus, dass die Mutter kam, wenn es sie rief. Es fand die Brust, die ihm von der Mutter zum Stillen angeboten wurde. Es bemerkte auch andere Menschen: den Vater, den Bruder, die Tanten und Onkel und andere Kinder, ein unendlicher Strom von Menschen.

Es fand heraus, dass es seinen Körper während der Nacht sicher verlassen konnte. Der Körper atmete weiter, das Herz schlug pausenlos und es lebte. Während der Perioden ausserhalb des Körpers erforschte es den Planeten und bemerkte die Geistwesen, die es erreichen konnte. Es fand seine Lehrer, die zwei Wächter. Es bekam seine Instruktionen, wie es sich als junger Mann zu verhalten habe, wie es wachsen und lernen solle.

4

Entwöhnung

Der junge Wissenschaftler wartete im Vorzimmer. Er überlegte, was er wohl an diesem Tage erzählen würde, welche Analyse seines Selbst er mit Hilfe seines Analytikers treffen würde.

Wann begann meine Wut? Wie weit kann ich die Anfänge meiner Wut zurückverfolgen? Wann entschloss ich mich, meinen Zorn nicht zu zeigen? Ab wann wurde dies gefährlich?

Die Tür öffnete sich und Robert bat ihn herein. Er ging ins Zimmer und legte sich auf die Couch. Robert sass auf einem Stuhl am Kopfende der Couch. Der junge Wissenschaftler dachte einige Minuten nach und sagte schliesslich: «Heute möchte ich über die Entwöhnung der Mutterbrust reden und diese analysieren. Ich glaube, das ist sehr wichtig, denn es war wohl der Anfangspunkt meines Zorns, meiner Rebellion, meines Bewusstseins und meines Menschseins. Ich erinnere mich an einen häufig wiederkehrenden Traum. Ich schaue durch ein Zimmer. Meine Mutter liegt im Bett und hat einen Säugling an der Brust. Sie füttert ihn. Ich bin frustriert und erzürnt, kann diesen Zorn jedoch nicht ausdrücken. Ich habe Angst davor bestraft zu werden, wenn ich diesem Zorn Ausdruck verleihe. Das Baby an der Brust meiner Mutter ist ein Neugeborenes. Ich glaube, dass mich meine Mutter nicht mehr stillte, als sie ihre Schwangerschaft bemerkte.»

Robert: «Wie alt warst du?»

«Ich war drei Jahre alt.»

Robert: «Du meinst, du seist erst mit drei Jahren entwöhnt worden.»

«Ja.»

Eine lange Pause.

«Meine Eltern waren katholisch. Geburtenkontrolle wurde nicht praktiziert. Später fand ich heraus, dass meine Mutter glaubte, so lange sie ein Kind stille, könne sie nicht erneut schwanger werden.»

Noch eine Pause.

«Irgendwie kann ich nicht weitersprechen. Der Traum ist abgeblockt. Ich fühle zur Zeit eine Blockierung. Ich dachte, ich könne frei und unbeschwert darüber reden und meinen Erinnerungen freien Lauf lassen, doch plötzlich habe ich das Gefühl ‹zu› zu sein.»

Robert: «Welcher Art sind deine Gefühle?»

«Ich fühle nichts. Alle Gefühle sind blockiert. Ich weiss nicht mehr, was ich sagen soll. Mein Kopf ist leer. Ich bin enttäuscht von mir. Ich dachte, heute könne ich mich öffnen, aber ich schaffe es nicht.»

Lange Pause.

«Als ich draussen im Vorzimmer sass, hatte ich das Gefühl, an die Wurzeln meines Zorns, der Wut über mich selber, meiner Schuldgefühle, meiner Ängste jener drei Wochen vordringen zu können.»

Robert: «Welcher drei Wochen?»

«Der drei Wochen in denen ich voller paranoider Ängste steckte und alle von mir redeten. In jenen Tagen hatte ich fürchterliche Angst, dass mich etwas oder jemand töten würde. Ich blieb in meinem Büro und traute mich nicht es zu verlassen. Als ich endlich rausging, hatte ich das Gefühl, dass alle gegen mich seien. Es erschien mir, als ob alle über mich nachdenken würden und etwas gegen mich im Schilde führten. So erging es mir sowohl meinem Direktor gegenüber, wie auch meinen Wissenschaftskollegen, meiner Frau und allen anderen. Ich erkenne, dass dies ein absolut unhaltbarer Geisteszustand war, aber ich konnte nichts dagegen unternehmen. Ich verbrachte damals den grössten Teil meiner Zeit sehr isoliert und voller Angst. Ich weinte viel, während ich immer wieder in diesen paranoiden Zustand verfiel.»

Robert: «Hast du das Gefühl, dass zwischen deiner Entwöhnung und diesen paranoiden drei Wochen ein Zusammenhang besteht?»

«Ja. Es scheint mir eine Verbindung zu geben. Der unterdrückte Zorn der Entwöhnung in meinem Traum und der Wunsch zu töten.»

Robert: «Töten. Wen töten?»

«Das Kind an ihrer Brust zu töten. Das war meine Brust, nicht seine. Er nahm meinen Platz ein, sie stiess mich weg. Oh ja, klar, sie wollte ich auch töten. Das hatte ich bislang nicht begriffen.»

Ruhe.

«Ich lief fort. Ich erinnere mich jetzt daran. Ich beobachtete, wie sie ihn stillte und ich lief davon. Ich versteckte mich in einem Schrank und heulte und heulte. Ich kam zum Schluss, einem sehr eingenartigen Entschluss, mich nie mehr im Leben in so eine Situation zu begeben, in der ich jemanden oder etwas so stark benötigen würde. Ich unterdrückte den Wunsch nach ihrer Brust. Ich verdrängte den Wunsch, an seiner Stelle zu sein. Ich verdrängte den Wunsch nach ihr und ihrer Liebe. Ich stoppte alle Gefühle ihr gegenüber, ihrer Brust, ihrer Milch, ihrer Aufmerksamkeit. Ich isolierte mich von meinen Gefühlen.»

Robert: «Ich mag dich nicht unterbrechen, aber um dich richtig zu verstehen möchte ich dich fragen, ob ich das richtig verstehe: Du hast dich mit drei Jahren entschlossen, nichts mehr für deine Mutter zu empfinden?»

«So sieht es aus. In dem dunklen Schrank traf ich die Entscheidung, kein Verlangen mehr nach ihr zu haben. Der Schmerz und der Zorn waren zu übermächtig, also entschloss ich mich, die Gefühle zu ihr zu unterbinden, mich zumindest innerlich abzukapseln. Plötzlich erkenne ich, dass es mir unmöglich ist, dir gegenüber positive Gefühle zu entwickkeln, obwohl du ja nicht mit einbezogen sondern objektiv bist. Ich stelle meine Gefühle einfach ab oder irgend etwas stellt meine Gefühle ab. Ich erkenne jetzt, dass es mir mit allen so geht. Der kleine Junge fasste den Entschluss und der erwachsene Mann führt ihn aus. Es ist für mich hart dies zu glauben. Es ist mir kaum möglich dies zu fühlen. Ich habe Angst, dass ich jetzt auf dich zornig werde, die Analyse abbreche und rauslaufe. Plötzlich habe ich Angst. Ich bin wieder zurück in jenem Traum und beobachte meine Mutter mit dem Baby. Zorn und Enttäuschung schütteln mich. Ich bin total frustriert. Ich kann mich nicht bewegen. Ich bin wie festgefroren. Ich brauche Hilfe. Ich weiss nicht, wo ich um Hilfe bitten kann. Wo ging sie hin? Wo ging ich hin? Jetzt fange ich an zu weinen. Ich kann kaum noch reden. Wenn ich so weitermache werde ich zusammenbrechen. Aber ich muss weitermachen, denn dies ist ein kritischer Punkt meiner Entwicklung.»

Lange Pause.

«An diesem Punkt in meinem Leben, der Entwöhnung, beginnt eine lange Erinnerungspause. Meine Eltern scheinen mich gut umsorgt zu haben, sonst wäre ich heute nicht hier. Ich sitze weder hinter Gittern, noch bin ich verrückt, also muss Liebe im Spiel gewesen sein. Anscheinend habe ich dies jedoch ab jenem Zeitpunkt nicht mehr beachtet, beziehungsweise nicht mehr akzeptiert. Es ist, als hätte ich eine geheime Rebellion gegen die Liebe, die Nähe, die Gemeinsamkeit geführt.

Später, ich muss schätzungsweise sechs oder sieben Jahre alt gewesen sein, war ich in einer Kirche und überdachte mein Verhältnis zur Beichte. Plötzlich verschwand die Kirche. Ich sah Gott auf seinem Thron, Engelschöre sangen und beteten ihn an. Ich empfand für ihn auf seinem Throne Liebe. Meine zwei Schutzengel standen rechts und links von mir und passten auf mich auf. Ich kann die Ehrfurcht, die Zugehörigkeit und die falsch verstandene Liebe, die ich damals empfand, fühlen. Ich liebte diese Offenbarung mehr als einen meiner Mitmenschen. Das Fehlen von Liebe und Gefühlen ersetzte ich durch meine Vorliebe für Experimente. Ich experimentierte mit der Elektronik, der Physik und Biologie. Ich forschte ganz für mich allein. Ich experimentierte mit Fröschen, Käfern, Schlangen, Pflanzen, Transformatoren, Zündschnüren und Chemikalien.

Wurde ich deshalb zum Wissenschaftler? Wurde meine Liebe zu meiner Mutter und dem jüngeren Bruder beim Stillen so stark unterbrochen, dass ich sie nicht mehr teilen konnte? Oder konstruiere ich mir dies heute nur so im Nachhinein zusammen? Ich weiss, dass der Traum wahr ist. Ich habe ihn wirklich geträumt. Ich weiss, dass meine Wut wahrhaftig ist. Ausserdem weiss ich, dass ich diese Entscheidung wirklich fällte.

Ich bekomme dort Kopfschmerzen, wo ich häufig meine Migräne verspüre.»

Robert: «Was hast du jetzt für ein Gefühl?»

«Ich stecke wieder in meinem Kopf, ohne jeglichen Kontakt mit meinem Körper. Alles was ich spüre ist der Schmerz in meiner rechten Kopfseite. Ich lebe in meinem Kopf und verdränge meinen Körper. Ich sollte Zorn verspüren, aber ich fühle ihn nicht, ich fühle nur Schmerz.»

Robert: «Wann hattest du deinen letzten Migräneanfall?»

«Vor etwa zehn Tagen. Ich dachte nicht daran, in den nächsten acht Tagen wieder einen zu haben. Doch jetzt fühle ich mich so, als ob wieder einer bevorstünde. Dieser Anfall passt aber nicht in das übliche Zeitschema, also muss er eine tiefere Bedeutung haben, Doktor.

Ich habe das Gefühl, dass ich mich von den unterdrückten Gefühlen, den guten wie den schlechten, befreien kann. Wenn es mir gelingt, meine Erinnerungen auf diesem Gebiet zu vervollständigen, dann wird auch die Migräne aufhören. Und deshalb bin ich ja schliesslich hier.

Meine Gedanken wandern. Sie schweifen ab. Ich sinniere über die Religion, meine katholische Herkunft, über Jungsche Archetypen, über Ranks Geburtstraumahypothese. Mein Geist/Verstand entfernt sich von den Gedanken über mich selbst, ich begebe mich in anderer Leute Theorien darüber, warum mein Leben diesen Weg eingeschlagen hat. Freuds Anschauungen, oder auch deine – wobei ich mir nicht sicher bin, wie deine wohl aussehen mögen. Es ist sozusagen nur meine Vorstellung von deiner Theorie.

Ausflüchte! Immer mehr Ausflüchte! Gefühle der Flucht, der Flucht vor dem Trauma, der Flucht vor den Gedanken an das Trauma! Ich habe die Schnauze voll von mir! Ich drehe mich, ich wende mich, ich fliehe, ich gehe nicht tiefer. Mein Verstand ist von kilometerdicken Blockaden umgeben.»

Der junge Wissenschaftler schaut auf die Uhr und sieht, dass eine Stunde vorbei ist. Er steht auf und geht.

Am nächsten Tag kehrt er zurück, legt sich auf die Couch und sagt: «In der vergangenen Nacht hatte ich einen Traum. Ist es ok, eine Analysesitzung so zu beginnen?»

Robert antwortet nicht.

«Ich sehe, dass du dich wie ein guter Analytiker verhältst. Ich bin wütend auf dich. Ich fühle mich allein gelassen. Ich habe das Gefühl, von dir nicht die notwendige Zuneigung zu bekommen. Ich brauche deine Liebe, um mein Entwöhnungsproblem lösen zu können und um herauszufinden, warum ich die emotionalen Bindungen zu meiner Mutter abgebrochen habe. Je mehr ich über meine Entwöhnung nachdenke, je mehr ich versuche, diese vom Standpunkt meiner Mutter aus zu betrachten, quasi mit ihrem Kopf zu denken und ihre Gründe zu erforschen, um so besser vermag ich sie zu verstehen. Aufgrund meiner medizinischen Ausbildung weiss ich, dass sie in ihrem Glaubensgebäude gefangen war, das auf Sand gebaut war. Für sie schien es notwendig zu sein, mich so lange zu stillen, mich erst so spät abzustillen. Plötzlich überkommt mich ob meiner Ignoranz den eigenen Eltern gegenüber grosser Schmerz. Ich bin traurig. Ich bin traurig, dass du ein so grosser Ignorant bist, dass ich eine solche Analyse brauche. Ich wäre gerne allwissend. Ich wüsste gerne alles über mich selbst. Ich wüsste gerne, ob meine Vision in der Kirche wirklich war. Die Nonne, die meine Vision lächerlich machte meinte, dass nur Heilige Visionen hätten. Ich war wütend auf sie. Ich war enttäuscht. Ich erkenne, dass auch dies etwas mit meinem Entwöhnungstrauma zu tun hat. Sie verhielt sich wie meine Mutter. Sie durchtrennte die Bande der Liebe, des Vertrauens und der Ehrfurcht. Trotzdem muss ich sowohl ihr wie auch meiner Mutter vergeben. Keine von beiden konnte mich verstehen und ich war nicht in der Lage, es ihnen zu erklären.

Der Traum der letzten Nacht erscheint mir wichtig. Vor dem Einschlafen hatte ich leichtes Fieber. Ich fühlte mich heiss und wie ein Kind. Im Traum befinde ich mich in einer eigenartigen, fäkalfarbenen Landschaft. Überall riecht es nach Fäkalien. Ich sehe diese trostlose fäkalfarbene Szenerie. An einem Würstchenstand werden Fäkalien verkauft. Ein Gefühl des Todes und der Vernichtung umgibt mich. Alles stirbt und der Geruch des Todes liegt über allem. Ich erinnere mich an eine wahre Begebenheit. Ich machte einmal meine Pyjamahosen voll. Es war Winter und ich hatte eine geschlossene Strampelhose an. Ich lag allein im Bett und fühlte, wie diese angenehm warmen Fäkalien aus mir herausflossen und die Hinterbacken erwärmten. Sie verteilten sich beinabwärts und waren warm, sanft und angenehm. Ich schlief ein. Meine Mutter weckte mich und entdeckte die vollen Hosen. Sie war sehr böse, zog mir den Schlafanzug aus und wusch mich in der Badewanne unsanft ab. Ich war fünf oder sechs Jahre alt, und fühlte mich sehr klein und hilflos. Für mich war es ein Schock, dass etwas so Angenehmes soviel Zorn provozieren konnte.

Mein Verstand sucht sofort wieder alle möglichen Erklärungen: Assoziationen, psychosexuelle Entwicklung des Kindes, analytische Theorien. Es geschieht schon wieder. Ich flüchte in meine eigenen Erinnerungen und Träume. Ich bin wieder in meinem Kopf. Ich fühle mich arg angespannt, zurückhaltend und ich schäme mich.»

Robert: «Warum schämst du dich?»

«Ich schäme mich darüber, wie ich damals war, wie ich mich vor meiner Mutter schämte, oder von ihr soweit gebracht wurde. Ihre Empörung, als sie meine Freude an Fäkalien entdeckte, beschämte mich.

Ich erkenne jetzt, dass mein Traum dies ausdrückt, oder? Er drückt die Schande und Angst aus, dass das ganze Universum zum Exkrement wird: der Überdruss am Exkrement. Warum vermitteln wir Kindern einen so hohen Stellenwert vom Kot? Diese Sauberkeitsideale, die persönliche Hygiene, die Abwehr von Krankheitserregern; es ist verblüffend und nicht zu fassen.

Ich kann mich daran erinnern, wie ich später eine Rasierklinge in ein Stück Seife steckte. Ich verliess das Badezimmer. Meine Mutter benutzte die Seife und schnitt sich dabei heftig in die Finger. Es kam zu einem kleinen Drama. Mutter war sehr verwirrt und ich bekam eine Tracht Prügel. Dies alles hat wieder etwas mit meinem Entwöhnungstrauma zu tun und mit der vollgeschissenen Pyjamahose. Es war eine versteckte Rache. Ich schaffe es nicht, mich an meine Gefühle zu erinnern, als ich diese Rasierklinge in die Seife steckte. Zu der Zeit war ich sechs oder sieben Jahre alt. Meine Abwehr und die Rache haben sicherlich denselben Hintergrund, aber der ist mir noch verschlossen. Warum konstruiere ich all diese Gedankengebilde um zu überdecken, was wirklich los war?

Heute habe ich das Gefühl, aus hundert Milliarden Zellen zu bestehen, die alle nach einem Führer suchen. Ich bin absolut desorganisiert. Jede meiner Zellen steht unabdinglich mit den andern in Verbindung. Zusammen erschaffen sie die Stimme, mit der ich rede, die mit dir redet. Bin ich lediglich die Stimme von hundert Milliarden von Zellen, die als Einheit überleben wollen? Oder bin ich ein spirituelles Wesen, das kam, um dieses Vehikel von hundert Milliarden Zellen zu besetzen? Wenn ich nur diese hundert Milliarden Zellen bin, die aus dem Aufeinandertreffen von Sperma und Ei im Mutterleib resultieren, die zum Fötus, Embryo,

Säugling, Kind und zum Manne heranwuchsen, dann bin ich in diesem Körper gefesselt. Dann bin ich lediglich das Resultat von Zellaktivitäten – nicht mehr und nicht weniger. Viele meiner Erinnerungen haben dann mit der Organisation dieses Körpers wenig zu tun.

Falls ich jedoch ein geistiges Wesen bin, welches diese hundert Milliarden Körperzellen besetzt hat, was soll dann diese Analyse? Wenn ich wirklich in diesem Körper und diesem Gehirn stecke, wenn wirklich all meine Erlebnisse Spuren in meinen Zellen hinterlassen haben, dann hat diese Analyse einen Sinn. Die hundert Milliarden Zellen versuchen sich zu integrieren. Aber welchen Sinn soll diese Analyse haben, falls ich wirklich ein geistiges Wesen bin, das diesen Körper einfach besetzt hat? Die katholische Kirche predigt, dass wir eine vom Körper unabhängige Seele besitzen. Diese kann zum ewigen Leben oder zur Hölle fahren. Das würde heissen, dass diese Analyse überflüssig ist. Das Konzept der Seele empfinde ich als sehr verführerisch. Ich kann es benutzen, um der Verantwortung dieser Analyse zu entfliehen. Ich kann deine Antwort hören: ‹Wenn es eine Seele gibt, dann hängt ihre Zukunft in der Hölle oder im Himmel davon ab, was du in der Analyse über deine Vergangenheit lernst und verstehst.› Vielleicht sollte die Kirche die moderne Freudsche Analyse übernehmen, sie ist immerhin besser als die Inquisition vergangener Zeiten. Die Ergebnisse könnten dann als Grundlage für die Himmelfahrt oder Höllenverdammung herangezogen werden.

Mein Gott, was für ein Blödsinn! Ich versuche alles, um einer Annäherung an die Wurzeln meines Grundproblems, nämlich der Unterdrückung der Gefühle, auszuweichen. Ich bleibe immer bei der Entwöhnung stehen. Ich teile meine persönliche Theorie, dass das Abstillen in meinem Gehirn eine Blockade andern gegenüber verursachte, mit dir als meinem Analytiker. Das ist doch ein geschickter Schachzug, oder? Dadurch weiche ich der Verantwortung dieser Analyse und mir selbst gegenüber gekonnt aus. Das Programm, zu dem ich mich als Dreijähriger entschied, gab mir die Energie für meine wissenschaftliche Forschung. Damals legte ich den Grundstein meiner wissenschaftlichen Karriere.»

Robert: «Das ist also der aktuelle Stand deiner Analyse der Grundlagen deiner wissenschaftlichen Arbeit und deiner Hingabe zu dieser Arbeit. Lass uns morgen mit der Analyse fortfahren.»

Am nächsten Tag erschien der Wissenschaftler sehr früh. Im Vorzimmer rekapitulierte er nochmals seine vorangegangenen Entdeckungen des Abstillens. Ein Patient verliess den Analyseraum. Er stand auf und folgte der Einladung des Analytikers. Dieser sass auf seinem Stuhl. Der Wissenschaftler stand neben ihn und fing an ihn anzuschreien: «Wie kann jemand, der so fett ist wie du und Zigarren raucht, die für deinen Kreislauf allemal schädlich sind, überhaupt jemanden wie mich analysieren? Du sitzt da rum, frisst zu viel, rauchst zu viel, hast einen überhöhten Blutdruck und suchst Ärger.»

Der Wissenschaftler war wütend. Mitten in seinem Wutausbruch legte er sich auf die Couch und zitterte. Es entstand eine lange Pause. Als sich der Wissenschaftler beruhigt hatte, sagte der Analytiker: «Dein Analytiker hatte nicht die Möglichkeit, sich von einem so klugen Analytiker wie dem deinen analysieren zu lassen.»

Der junge Wissenschaftler brach in Gelächter aus. Es wurde ihm klar, dass er seine angestaute Wut aus der letzten Sitzung losgeworden war. Er sagte: «Es ist gut zu wissen, dass mein Analytiker genügend Selbstvertrauen besitzt, um sich selber über seinen Analytiker in Wien zu stellen. Mir wird klar, dass meine Analyse ohne Ende ist und ein ganzes Leben dauern wird. Wir sind hier lediglich um einen neuen Weg zu finden, mich von einem anderen Gesichtspunkt aus zu sehen. Irgendwann werde ich dich loswerden, so wie du deinen Analytiker losgeworden bist. Mir wird klar, dass mein Wutausbruch gegen dich die erste äussere Manifestation von Wut ist, die ich seit meinem achten Lebensjahr hatte. Es ist ziemlich gefahrlos, diesen verbalen Zorn gegen dich rauszuschreien, denn du bist stark genug damit fertig zu werden. Ausserdem habe ich erkannt, dass du deine eigene Selbstanalyse noch nicht abgeschlossen hast. Wie kann ich dann bei meinem Hang zum Perfektionismus erwarten, meine Analyse in diesem Leben zufriedenstellend abschliessen zu können?

Als ich acht Jahre alt war, hatte ich ein weiteres einschneidendes Erlebnis. Mein älterer Bruder, der selbe, der mich im Kindbett geschlagen hatte, provozierte mich. Es war zur Weihnachtszeit. Er gab mit seinen Weihnachtsgeschenken an. Seine wären besser als meine. Ich hatte eine kleine Kanone bekommen, die man mit Wasser und ungelöschtem Kalk zum Knallen bringen konnte.

Der Zorn auf meinen Bruder war so gross, dass ich buchstäblich rot sah. Ich weiss, was das bedeutet: man sieht etwas Rotes vor den Augen. So warf ich meine Kanone mit einer solchen Wucht nach ihm, dass ich ihn hätte töten können.

Glücklicherweise verfehlte ich seinen Kopf um einige Zentimeter. Daraufhin wurde mir sofort etwas klar: werde nie wieder so wütend, es ist zu gefährlich. Du könntest jemanden oder dich selber dabei töten.

Ich habe in den vergangenen 26 Jahren nie wieder an diesen Vorfall gedacht. Er fiel mir erst jetzt wieder ein, als ich so wütend auf dich war. Ich habe das Gefühl, dass es sich hier um eine weitere Gefühlsunterdrückung handelt wie bei meiner Abstillung. Seitdem habe ich zwar Abwehr empfunden, sie aber nie lautstark nach aussen dringen lassen.

Plötzlich fühle ich mich frei, wütend zu sein. Einzig die körperliche Gefahr gegenüber andern scheint mir eine gewisse Kontrolle zu erfordern. Es muss viele andere Erlebnisse gegeben haben, die ich durch diese frühe Programmierung unterdrückt habe. Dieses damalige Erlebnis war zu stark und hat in meinem Leben einen zu grossen Einfluss gehabt.

Diese Gefühle haben sich in meinem Leben auf mannigfaltige Art und Weise ausgedrückt: in der Kirche projektierte ich den rachsüchtigen Gott; dann meine Schuldgefühle, als ich mit zwölf Jahren die ersten sexuellen Empfindungen verspürte; ich verlegte meine innere Wut in Druck von aussen. Meine Angst vor der Hölle macht dies deutlich. Gott würde mich auf immer verdammen, wenn ich meiner Wut freien Lauf liess. Der Zorn stand Gott zu, nicht mir. Ich scheine mich an ein Bibelzitat zu erinnern: ‹Die Rache ist mein!›, sagte Gott.

Ich sagte ‹Ich scheine mich zu erinnern.› Das ist wieder eine solche Ausflucht, nicht wahr? Ich ertappe mich dabei, wie ich anderen Leuten sage ‹Ich denke, dass . . .›, anstatt ihnen klipp und klar zu sagen, was ich wirklich meine. Ich weiche harter und direkter Reaktion aus, indem ich sage ‹Ich denke, dass . . .›, anstatt ‹ich fühle es›, oder was auch immer. Ich bin von der abwegigen Natur des Biocomputers, den ich bewohne, beeindruckt. Er scheint in der Lage zu sein, Gefühlen auf alle möglichen Arten ausweichen zu können, selbst in den Sprachprogrammen und ihren Anwendungen. Ich habe mich häufig gewundert, warum ich meinen Ansprüchen und Bitten anderen Menschen gegenüber nicht stärker Ausdruck verleihe. Nun erkenne ich in mir bestimmte Programme, die mich davon abgehalten haben.

Es wird schwierig sein, diese Erkenntnisse mit den über lange Zeit verdrängten Gefühlen der Wut und der Liebe zu integrieren. Wahrscheinlich werde ich erst einmal so manche Überreaktion zeigen, während ich versuche, diese freigesetzten Gefühle unter eine sinnvolle Kontrolle zu bringen. Ich werde zuviel Zeit damit verbringen, die Gefühle der Wut und/oder die Gefühle der Liebe richtig freizusetzen.»

Robert: «Wir werden sehen, wie gut du dies in deinem Leben verwirklichen kannst und wie wichtig diese Erkenntnisse für dein Leben sein werden.»

Der Wissenschaftler setzte sich auf und machte Anstalten zu gehen. Er schaute den Analytiker an und fragte: «Glaubst du, dass sie wichtig sind?»

Der Analytiker hob beide Hände mit der Innenfläche nach oben, als wolle er sagen «Wer weiss?»

5

Erziehung zu einem menschlichen Wesen

Drei Jahre später, gegen Ende seiner Psychoanalyse, kam John in Roberts Arbeitszimmer und sagte: «Ich habe das Gefühl, unabhängiger von dir zu sein. Du hast mich dazu ermuntert, auch ohne diese Sitzungen bei dir mehr zu denken und zu fühlen. Meine Gedanken haben sich verbessert und meine Gefühle haben sich vertieft. Ich bin nicht mehr so passiv.

Heute würde ich gerne meine Entwicklung, soweit ich sie überblicken kann, zusammenfassen. Wir haben in dieser Analyse vieles zusammen erlebt. Irgendwie muss ich das heute einmal sortieren. Ich muss die wichtigen und entscheidenden Punkte meiner Kindheit und Jugend ausleben.

Ich fange mit dem Material an, das wir in meiner frühen Kindheit entdeckt haben und gehe dann chronologisch weiter. Der grundlegende Konflikt spielt sich zwischen meiner inneren und äusseren Realität ab. Ich werde hier erst einmal diese beiden Aspekte meines Kampfes um die Selbsterkenntnis nicht trennen. In der Tiefe meines Selbst führen einige dieser Erlebnisse noch ein Eigenleben. Ich brauche sie nur zu berühren und schon bin ich wieder mit ihnen. Sie sind irgendwie zeitlos, tief in meiner lebendigen Erinnerung gespeichert. Sie geben dem, was ich hier erzähle, eine Form.»

John, sie nennen mich John. Wer bin ich? Man nennt den Körper John, nicht das Wesen. Das Wesen kommt von anderswo und hat sich in diesem Körper eingenistet. Der Körper macht einiges durch, wohl um zu lernen. Was geschah gestern nacht?

Heute habe ich Angst. Gestern nacht lag ich im Bett und lauschte. Ich hörte einen Schrei. Mutter schrie. Vater versuchte sie zu beruhigen. Ich stieg aus dem Bett und horchte an der Tür. Sie stöhnte und sagte: «Ich habe ihn verloren. Ich bin so müde. Ich habe wieder einen verloren. Was soll ich bloss machen?»

Vater sagte: «Wir können später noch einen haben. Ich muss diesen im Garten begraben.»

Worüber reden sie? Gestern war Mutters Bauch noch dick, heute ist er ganz flach. Da war Blut. Noch ein Baby?

Mutter verlor ein Baby. Vater begrub es im Garten. Ich habe Angst.

Mein kleiner Bruder ist ok. Mutter hat ihn vergangenes Jahr abgestillt. Jetzt ist Frühling. Sie hatte noch ein Kind. Wo kommen kleine Kinder her?

Wird Mutter noch ein Baby haben oder war dies das letzte?

Dick sagt, Weihnachten nahe mit Geschenken. Es ist kalt. Gestern Nacht hat es geschneit. Ich ziehe meinen Schneeanzug an und gehe raus. Ich werfe Schneebälle.

«Komm her, Jamey, komm schon, Jamey, komm raus!»

Jamey springt an mir hoch, leckt mein Gesicht und wir tollen im kalten Schnee umher.

Als ich auf die Mauer klettere, packt mich Jamey an der Schulter und zieht mich zurück. Ich falle, meine Schulter schmerzt und ich brülle Jamey voller Wut an. Dieser dumme Collie! Er hat meinen Schneeanzug zerrissen. Mutter wird verärgert sein. Ich glaube, er befürchtete, ich würde über die Mauer fallen. Warum können Hunde nicht schlauer sein? Ich habe nur gerade über die Mauer geschaut.

«John! Wie hast du nur deinen Schneeanzug zerrissen?»

«Jamey zerrte an meiner Schulter. Ich beugte mich über die Mauer, da biss er mich in die Schulter und zog mich zurück.»

«Zieh ihn aus, ich muss ihn dir nähen.»

Vater wollte Jamey loswerden, und ich weinte, Mutter liess es nicht zu. Jamey ist mein bester Freund.

Der Wächter verliess den Körper und schaute den kleinen Jungen an. Der kleine Junge sah das Wesen an und sagte:

«Bist du mein Schutzengel?»

Das Wesen antwortete: «So nennen mich deine Eltern, obwohl es nicht mein wahrer Name ist. Aber das ist schon gut so. Ich stehe dir jederzeit zur Verfügung, wenn du mich brauchst.»

«Aber ich habe dich heute gebraucht, als mich Jamey biss!»

«Ich war da. Du wärest über die Mauer gefallen, da habe ich Jamey beauftragt, dich zurückzuziehen.»

«Aber ich dachte, Jamey habe das getan, weil er mich liebt.»

«Jamey liebt dich, aber er konnte nicht wissen, dass du in grosser Gefahr schwebtest. Also musste ich ihn dazu bringen.»

«Wirst du immer auf mich aufpassen?»

Das Wesen: «Ja, solange du an mich glaubst. Wirst du immer an mich glauben?»

«Was meinst du mit ‹glauben›?»

«An ‹etwas glauben› heisst, zu wissen, zu lieben, innerlich dabei sein. Ich bin. Du bist. Das bedeutet ‹an etwas glauben›.»

«Ich bin. Du bist. Ich glaube an mich. Ich glaube an dich. Meinst du das?»

«Ja.»

Die Sonne kommt ins Zimmer und scheint in meine Augen. Ich wache auf. Ich kann draussen die Vögel hören. Ich darf nicht raus.

Mama sagt, ich müsse im Bett bleiben. Die Schwester wird in einer Minute hier sein. Ich kann mich nicht hinsetzen. Ich glaube, sie wird mich wieder aufsetzen und baden. Man sagt mir, ich sei krank. Ich möchte raus und spielen, aber man lässt mich nicht. Dick und David spielen draussen im Hof. Ich kann sie hören, ich will raus ...

Die Schwester betrat das Zimmer, zog den kleinen Jungen aus, setzte ihn in die Badewanne und wusch ihn. Die Mutter kam ins Badezimmer, sah den kleinen Jungen an und weinte. Sie sagte: «Armes kleines Ding, bitte stirb nicht.» (Was bedeutet ‹sterben›? Dass ich nicht mehr spielen kann?) Die Schwester hob ihn hoch, trocknete ihn ab und legte ihn zurück ins Bett, zwischen all seine Kissen. Er schlief ein und träumte.

Das Wesen kam und sagte: «Willst du mit mir fortgehen oder willst du hierbleiben?»

«Wo werden wir hingehen?»

«Die Wahl ist deine. Du kannst hier in diesem Körper bleiben und ein kleiner Junge sein, oder mit mir zurückgehen und mit den andern Wesen zusammensein.»

«Mama sagt, sie wolle nicht, dass ich sterbe. Werde ich sterben, wenn ich mit dir gehe?»

«Das bedeutet ‹sterben›: mit mir gehen und diesen Ort, deine Mutter, deinen Vater, Dick und David und Jamey zu verlassen.»

«Aber ich will nicht weg. Ich weiss nicht, was es bedeutet zu gehen. Ich will gesund werden und spielen.»

«Es ist deine Wahl. Du wirst also erstmal hier bleiben und später mit mir gehen.»

«Wirst du bei mir bleiben oder gehst du fort?»

«Ich werde immer bei dir bleiben, so lange du daran glaubst, mich wieder zu treffen.»

Es ist Sommer. Der kleine Junge steht auf, läuft ein wenig herum, wird sehr müde und geht zurück ins Bett. Nach sechs Monaten Bettruhe wird ihm wieder erlaubt aufzustehen und sich zu bewegen. Er verabscheut diesen Portweinmix mit Eiweiss, der ihm regelmässig eingeflösst wurde. Er möchte lieber weichgekochte Eier und Toast.

«Mama, kann ich ein paar Eier haben?»

«Dir geht es wieder besser! Ich mache dir sofort einige Eier fertig.»

Die mächtigen Sommerstürme machen dem bunten Herbstlaub Platz. Die Schule beginnt.

Kindergarten. Erste Klasse. Zweite Klasse. Dritte Klasse. Miss Ford. Miss Strapp. Miss Curtis. Miss Hanke.

Dritte Klasse. Miss Curtis. Sie ist wunderschön. Sie liebt uns. Sie liebt mich. Selbst als ich die blonden Haare des Mädchens in der Reihe vor mir ins Tintenfass steckte, verstand mich Miss Curtis und bestrafte mich nicht. Sie liess mich lediglich die Tinte aus den Haaren des Mädchens waschen. Den ganzen Tag am Schulpult zu sitzen ist eine harte Sache.

Da war heute ein übler Typ. Der gewann all meine Stahl- und Glasmurmeln. Er liess mir nur die Tonmurmeln, die nie richtig rollen. Dick sagt, dass Glasmurmeln die besten sind, dann kommen die aus Stahl, und die aus Ton taugen überhaupt nichts. Heute habe ich zwar gelernt, wie man sie wirft, aber irgendwie gelang es mir nicht, sie aus dem Ring zu bringen. Ich werde mit dem Murmelspiel aufhören, das macht mir keinen Spass mehr.

Heute ging ich in den Keller und schloss eine Kompassnadel und zwei Elektromagnete an einen Transformator an. Immer wenn ich die Nadel an ihrem spitzen Ende anstiess, drehte sie sich eine lange Zeit. Das ist so ähnlich wie ein Elektromotor. Das macht mehr Spass als die Murmeln.

Herr Dickmann ist Apotheker. Er versorgt mich mit Chemikalien. Er hat mir heute Sachen über Natrium und Kalium erzählt. Wenn man Natrium ins Wasser gibt, schmilzt es und schwimmt auf der Oberfläche umher. Er gab mir etwas davon, und ich habe den Trick im Waschzuber ausprobiert. Ich gab die Chemikalie ins Wasser. Sie formte sich zu einem kleinen Ball, schmolz und schwamm zischend umher. Als ich noch etwas Stärke hinzugab und mehr Natrium benutzte, wurde es so heiss, dass sich eine gelbe Flamme entzündete und über dem Rand explodierte. Herr Dickmann hat mir jetzt Kalium versprochen.

Als ich das Kalium ins Wasser gab, brannte es mit einer wundervollen blauen Flamme. Sie färbte sich violett und sah gefährlich aus.

Elektrizität ist stark. Jemand erzählte mir, dass ich sterben könne, wenn ich zuviel davon abbekäme. Ein Transformator reduziert die Stormstärke so, dass sie sicherer ist. Die Türklingel des Hauses hat einen Transformator.

Dick bekam ein Weihnachtsgeschenk. Wenn er mit einer Kurbel am Generator dreht und jemand jeweils ein Metallstück in jeder Hand hält, dann fangen die Muskeln an zu hüpfen. Es ist kein angenehmes Gefühl. Bei mir hat er die Kurbel zu schnell gedreht, so dass ich das Metall nicht mehr loslassen konnte. Das war zuviel Elektrizität.

Heute habe ich mit Kalk gespielt. Ich schüttete es mit Wasser zusammen in eine Dose und drehte schnell den Deckel zu. Sie explodierte. Meine Mutter schlug mich. Sie meinte, das sei zu gefährlich, ich könne meine Augen dabei verlieren. Meine Schutzengel schienen aber darauf geachtet zu haben, dass ich meine Augen rechtzeitig abwendete.

Vierte Klasse. Warum haben mich Mama und Papa in eine andere Schule versetzt? Ich mag diese katholische St. Lukas-Schule nicht. Hier spielen Jungen und Mädchen nicht miteinander. Die Jungs spielen zu grob. Heute kreisten sie mich ein, verspotteten und traten mich.

Fünfte Klasse. Sechste Klasse. Heute fiel ich von einem Baum und mit dem Kopf auf den Boden des Schulhofes. Mutter kam und holte mich ab. Sie befürchtete, dass ich verletzt sei.

Ich war weit entfernt und redete mit meinem Schutzengel. Unser Gespräch wurde jedoch von jemandem gestört, der stöhnte und pausenlos weinte. Er brüllte «Au! Au! Au!» Ich dachte, wer auch immer das sein mag, er stört unser Gespräch. Mein Schutzengel und ich hatten eine nette Unterhaltung, doch dieser Aua-Schreier unterbrach uns. Langsam kehrte ich in meinen Körper zurück und bemerkte, dass meine Stimme ‹Au!› schrie. Als ich wieder zurück in meinem Körper war, sah ich, dass ich unter dem Baum lag.

Margaret Vance ist ein Mädchen aus meiner Klasse. Ich liebe sie sehr. Sie hat dunkelbraune Augen und dunkelbraunes Haar. Sie ist wunderschön. Ich beobachte sie die ganze Zeit. Ich träume davon, mit ihr Urin auszutauschen. Ich weiss zwar nicht, was das zu bedeuten hat, aber ich habe so ein Gefühl, als ob das mit ihr Spass machen würde.

Vater hat eine Fitnessmaschine. Man stellt sich hinein, legt sich einen breiten Gurt um die Hüften und lässt sich davon massieren. Als heute niemand im Haus war, habe ich sie ausprobiert. Ich legte den Riemen um, stellte die Maschine an und mein Körper wurde heftig durchgeschüttelt. Plötzlich verschwand alles vor meinen Augen und mein Unterkörper fiel ab. Das Zimmer und die Maschine verschwanden und ich traf meinen Schutzengel, während mein Körper noch vibrierte. Es war sowohl schmerzhaft wie auch lustvoll. Meine Hosen wurden nass und plötzlich wollte ich mich verstecken.

Mutter kam nach Hause und fand mich. Sie hatte ein geheimes Gespräch mit Vater. Heute brachten sie mich zum Hausarzt.

Dr. Brimhalls Praxis. Es war derselbe Doktor, der mich während meiner langen Krankheit gepflegt hatte.

Er sass hinter einem Tisch, sah mir direkt in die Augen und sagte: «Junger Mann, wissen Sie irgend etwas über Sex?»

«Nein.» Innerlich dachte ich, der meint das, was mit der Maschine passiert ist.

«Deine Mutter und dein Vater haben mich gebeten, mit dir über Sex zu reden. Was weisst du über Masturbation?»

«Ich weiss nichts über Masturbation. Was ist das?»

«In deinem Alter fangen Jungen an mit sich zu spielen, sich am eigenen Körper zu vergreifen. Wenn man das zu häufig macht, kann man davon wahnsinnig werden. Treibst du es mit dir?»

«Nein, ich habe keine Ahnung, wovon Sie reden.»

Ich verliess die Praxis sehr verschämt. Ich hatte keine Ahnung, welche Verbindung es zwischen dem, was er mir gesagt hatte, und dem was ich erlebt hatte, bestand. Mutter stand draussen, und ich wurde rot, als ich sie sah.

In der Schule wurden freiwillige Messdiener gesucht. Ich meldete mich. Ich ging zur Kirche von Pater Smith. Er gab mir eine Karte, auf der einiges in einer fremden Sprache geschrieben stand. Er sagte: «Lerne diese Antworten auswendig.»

«Ich weiss aber nicht, wie man diese Wörter ausspricht.»

«Da ist ein älterer Messdiener, er wird es dir beibringen.»

Mit Hilfe des älteren Messdieners lernte ich, wie man Latein ausspricht. Ich hatte keine Ahnung um die Bedeutung der Worte. Irgendwie lernte ich die ganze Messe in Latein, ohne ihren Sinn zu verstehen. Ich fand schliesslich ein Messbuch mit einer Übersetzung und von da an fiel es mir leichter.

«Suscipiat, Dominus, sacrificium de manibus tuis ad laudem et gloriam . . .»

Und dann: «Ich glaube an Gott den Vater, den allmächtigen Schöpfer des Himmels und der Erde . . . Ich glaube an die eine heilige katholisch apostolische Kirche . . .»

Der Katechismus. Ich glaube. Die ganze Litanei was ich zu glauben habe. Ich glaube es. Die Kirche ist die Rettung der Seele. Ich singe im Chor. Ich benehme mich so, wie es einem Messdiener geziemt. Zur Messe trage ich die angemessene Kleidung. Ich knie vor dem Altar nieder. Ich beantworte die Fragen des Priesters zur angebrachten Zeit in Latein. Ich klingele mit dem kleinen Glöckchen. Ich bete und beichte wie man es von mir erwartet. Ich habe meine erste Kommunion. Ich habe meine Konfirmation. Ich bleibe einen Tag, ganze 24 Stunden, zu meinen protestantischen Freunden stumm, um ihnen zu zeigen, dass ich eine gerettete Seele bin und sie nicht.

Eines Tages besuche ich zur Beichte nicht meine übliche Kirche des Heiligen Lukas, sondern ich gehe zur Kathedrale.

Ich betrete den Beichtstuhl, schaue den Priester durch das Gitter an und lege mit meiner Sündenliste los.

«Heute war ich auf meine Mutter böse, weil sie mir kein Taschengeld gab, da ich dem Hund weh getan hatte.» Der Priester unterbrach mich: «Hast du nichts wichtigeres zu berichten? Hast du dir keinen runtergeholt?»

Plötzlich schämte ich mich. Ich wurde rot. Mein Körper glühte. Ich hatte Angst. Ich wurde rot. Mein Körper glühte. Ich hatte Angst. Ich wusste nicht, wovon er redete, und trotzdem wusste etwas in mir, was er meinte. Ich hätte vor Scham in den Boden versinken können. Ich stolperte aus dem Beichtstuhl, verliess die Kathedrale und entschloss mich, nie wieder dorthin zurückzukehren. Falls die Kirche wirklich glaubte, es sei eine Sünde, Spass mit sich selber zu haben, dann wollte ich lieber die Kirche aufgeben, denn so ergab sie für mich keinen Sinn. Lieber Schutzengel, hilf mir, das kann doch nichts Falsches sein.

In diesem Sommer zogen wir aus der Stadt hinaus aufs Land. Wir haben eine Farm. Wir haben Pferde. Ich habe gelernt, auf dem Pony Dolly zu reiten. Dolly warf mich ab. Ich verletzte mich am Kopf. Mutter, Vater und Dick ritten mit mir. Sie kamen, halfen mir wieder auf, setzten mich auf Dolly und wir ritten zurück. Ich hasse es, zu reiten. Mein Hintern schmerzte. Aber da alle reiten, muss ich es auch.

Dick baut ein Gatter. Er hat sich Westernhosen, Westernstiefel und einen Westernhut gekauft. Ich ziehe es vor, mit Elektrizität zu arbeiten, Frösche zu beobachten oder etwas über Ameisenhaufen zu erfahren. Ich möchte die Schlangen im Fluss sehen, ihre Nester finden und die kleinen Schlangen beobachten, wenn ich sie freilege. Nachts sind die Sterne ein Mysterium; diese entfernten Galaxien; das Nordlicht. Es gibt noch so viel mehr auf dieser Welt, als immer nur reiten und das Gelaber der Leute.

Heute habe ich Jack Galt kennengelernt. Sein vollständiger Name ist John Randolph Galt. In seiner Wohnung hat er eine Amateurfunkstation.

Davon bin ich völlig fasziniert. Er kann mit der halben Welt reden. Er sagt, er wolle es mir beibringen.

Wir arbeiten zusammen. Ich lerne viel über Quarzkristalle und wie man sie bearbeitet, um bestimmte Radiofrequenzen damit herzustellen. Ich lerne das Morsen. Wir richten eine neue Sendestation ein. Wir bekommen durch Harry Morton, der bei Northwest Airways arbeitet, einen neuen Partner.

Im Sommer hielt ich mir auf der Farm ein paar Kaninchen. Ich zimmerte ihnen einen nach unten geöffneten Käfig, so dass ich sie den ganzen Sommer über auf der Wiese herumschieben konnte und sie immer frisches Gras zu fressen hatten.

Die Zeitung von St.Paul ist an einen Konzern in New York verkauft worden. Vater bringt die neuen Besitzer zu uns nach Hause. Dick mag Bernhard. Ich hasse Bernhard. Während die beiden vor dem Hause Fussball spielen, fülle ich eine Colaflasche mit diversen Chemikalien. Ich werfe ein Streichholz in die Flasche. Sie explodiert direkt vor mir. Ich bekomme nichts ab, aber eine Scherbe bohrt sich in Bernhards Oberschenkel. Er schreit und greift sich ans Bein.

Ich bekomme von allen Anwesenden eine Standpauke gehalten. Für mich ist es eine grosse Schande. Ich verziehe mich für Stunden in die Wiesen.

Dick hat sein eigenes Haus auf der Farm. Er wird oft von seinen Freunden besucht und sie verbringen dort häufig die Nacht. Eines Nachts darf auch ich dort schlafen. Dick hat seine 22er-Knarre dabei und schiesst das Licht aus. Er hängt einen seiner Freunde mit seinem Daumen an einem Balken auf. Ich renne verängstigt davon.

Am nächsten Tag streife ich durch die Wiesen. Ich suche nach bestimmten Pflanzen und Tieren. Ich habe gegraben und dabei einige Fossilien gefunden. Ich entdecke einen Stein, in dem eine Unzahl von Schnecken- und Muschelabdrücken zu sehen sind. Ich bin fasziniert. Ich schaue im Lexikon nach und finde heraus, dass Minnesota zur Eiszeit mit Eis bedeckt war. Diese Steine wurden vom Gletscher zurückgelassen.

Als ich aus der Höhle komme, in der ich einiges gefunden habe, zischt es plötzlich an meinem Kopf vorbei, als ob eine schnelle Biene vorbeigeflogen wäre. Dann folgt eine Explosion. Ich ducke mich und renne zurück zur Höhle. Ich bemerke, dass mich Dick von der anderen Seite der Wiese aus mit seinem Gewehr beschiesst. Für ein paar Stunden wage ich mich nicht hinaus. Beim Abendessen erzähle ich Vater davon und der schlägt Dick. Seine Wut ist überwältigend. Am nächsten Tag verprügelt mich Dick, da ich ihn verpetzt hatte. In der Nacht geht Dick aus, besäuft sich und wird verhaftet. Daraufhin verabreicht ihm Vater noch eine Tracht Prügel.

Dick bekommt ein neues Pferd. Er reitet es mit Hilfe eines Lassos und der langen Lederpeitsche, die wir zusammen geflochten haben, im Gatter zu. Er reitet mit seinem Pferd zu seiner Freundin Alice, die in der Nähe wohnt.

Sie reiten viel zusammen aus. An einem dieser Tage mit Alice verspätet sich Dick zum Abendessen. Wir sitzen schon alle zu Tisch und Vater fragt: «Wo ist Dick?»

Mutter meint: «Er ist heute mit Alice ausgeritten. Er war hinterher bei ihr zu Hause. Ich habe dort angerufen, er ist auf dem Heimweg.»

Vater wird sehr böse. Die Zeit vergeht und kein Zeichen ist von Dick zu entdecken. Alice wird angerufen, aber dort ist er schon vor geraumer Weile fortgeritten.

Vater geht hinaus, um Dick zu suchen. Er findet Dicks Pferd mit Dreck auf dem Sattel im Stall. Er läuft über die Felder und findet Dick im Sumpf. Das Pferd war gestolpert und hatte Dick abgeworfen, als er nach Hause galoppierte. Der Krankenwagen kommt und Dick wird ins Krankenhaus gebracht. Er ist bewusstlos und sieht wie tot aus.

Ich gehe zu meinen Kaninchen und heule und heule und heule.

Dick lebt noch drei Tage. Der Chirurg operiert ihn, kann aber die Leberblutung nicht mehr stoppen. Dick stirbt auf dem Operationstisch.

Ich gelobe Arzt zu werden, um helfen zu können, falls jemandem, den ich liebe, ähnliches widerfahren sollte.

Ich wechsle die Schule. Für mich beginnt ein neues Leben.

Ich übernehme Dicks Pferd. Es versucht, mich abzuwerfen, aber ich schaffe es schliesslich doch, oben zu bleiben. Ich lerne, es zu beherrschen. Ich reite mit Alice aus und verliebe mich in sie. Ich verbringe Stunden damit, mit ihr über das Universum, die Philosophie, Leben und Tod und die Liebe zu reden. Ich versuche sie zu lieben, aber sie weist mich sanft zurück. Sie sagt, sie sei zu alt für mich und ich solle mich in jemanden meines Alters verlieben.

Im Sommer, als ich fünfzehn bin, verliebe ich mich in die Cousine einer Cousine; Antoinette aus Charleston, Virginia. Sie hat einen solch süssen Südstaatenakzent, wie ich ihn noch nie gehört habe. Zum erstenmal fühle ich mich regelrecht bezirzt. Antoinette verzaubert mich völlig. Sie ist das schönste Wesen, dem ich je begegnet bin. Jede Ausrede ist mir recht, um mit ihr zusammen zu sein.

Am Ende der Ferien geht sie zurück nach Charleston. In den Osterferien fährt unsere ganze Familie nach Virginia, und ich nehme einen Bus, um Antoinette in Charleston zu besuchen. Ich treffe sie und bin total enttäuscht. Alle Leute haben den selben Akzent wie sie. Ausserdem spielt sie ihre Spiele und hält mich von ihrem Freund fern. Schliesslich erfahre ich doch von ihm. Ich treffe ihn. Er ist gross, hübsch, blond und hat den selben Akzent. Ich reise beschämt und enttäuscht ab und verlasse meine erste Liebe.

In jenem Sommer ging ich erstmals arbeiten. Ich war fünfzehn und fragte meinen Vater, ob ich nicht einen Job bei den Northwest Airways bekommen könne. Immerhin war er inzwischen Präsident dieser Fluglinie geworden.

Er schickte mich zu Colonel Britton, dem Manager, damit ich mich dort bewerbe. Er fragte mich, was ich denn so könne und ich sagte ihm: «Ich bin ein Amateurfunker und würde gerne in der Funkabteilung arbeiten.» Während des Sommers lernte ich viele Piloten kennen. Ich musste in allen Flugzeugen die Leitungen überprüfen und stellenweise auswechseln. Es war ein sehr heisser Sommer. In den Flugzeugen stieg die Temperatur auf über 40 Grad. Ich bekam 50 Dollar pro Monat. Nach drei Monaten ging ich zurück in die Schule. Ich war von dieser Art Geld zu verdienen völlig desillusioniert.

Ich erkannte, dass jene, die in der Schule mehr gelernt hatten, die besseren und besser bezahlten Jobs bekamen. Ich schwor mir, die Schule zu beenden und alles daran zu setzen, jene Fähigkeiten zu erwerben, die man brauchte um Wissenschaftler zu werden. Ich wollte nicht in jene Gleichgültigkeit verfallen, die ich bei den Arbeitern am Flughafen erlebt hatte. Ausserdem war mir auch klar, dass ich nicht der Typ war, um später Geschäftsmann oder Manager zu werden. Der Gedanke, in einer Bank zu arbeiten, stiess mich ab. Es erschien mir absolut langweilig, dauernd am Schreibtisch zu sitzen und permanent dieselben Formulare und Papiere zu bearbeiten. Ich erkannte damals noch nicht die Macht, die in einem solchen Job stecken kann. Durch meinen Vater kannte ich viele Bankiers und ihre Vorliebe für Golf. Ich lernte selber Golf spielen und bekam die seichte Konversation mit, die auf dem Golfplatz gepflegt wurde. Ich zog es vor, mich weiter der Philosophie und der Wissenschaft zu widmen.

In meiner neuen Schule, der St. Paul-Highschool, belegte ich meinen ersten wissenschaftlichen Kurs. Ich merkte, dass mir von den Einführungskursen in Chemie und Physik das meiste bekannt war. So beschäftigte ich mich mit mir neuen Versuchen und Experimenten, von denen ich bislang nur gelesen hatte. Mein Lehrer, Herr Varney, führte mich in die Gas-Entladung und das Gebiet der fortgeschrittenen Elektrizität ein. Ich lernte, was Neonleuchten zum Glühen bringt. Ich arbeitete mit Metronomen, Photozellen und einem elektronischen Messgerät. So ergründete ich die Gesetze des Metronoms. Ich verweilte häufig noch nach dem Unterricht in der Schule und führte unter Herrn Varneys Aufsicht und mit seiner Ermunterung weitere Experimente durch.

Ich absolvierte den Pflichtkurs in Sport. Ich spielte Football. Ich war Verteidiger. In jenem Jahr gewannen wir die Stadtmeisterschaft. Ich war ein spielentscheidender Spieler gewesen. Zuerst war ich freudig erregt. Aber dann musste ich feststellen, dass die Überschriften von heute morgen nur noch Abfall sind. Ich war vom Sport enttäuscht und entschied mich, etwas anderes zu tun.

Herbert Tibbetts, mein Englisch- und Lateinlehrer unterstützte meine Vorliebe für Philosophie. Er stiess mich auf Kants *Kritik der reinen Vernunft*. Ich büffelte und büffelte. Zuerst erschien mir die Lektüre sinnlos, aber dann wurde mir klar, dass man mit Worten und Gedanken alles beweisen konnte, solange es keine Hinweise auf Experimente in der äusseren Welt gab. Mir wurde klar, dass Experimente der Wissenschaft die einzige Hoffnung darstellten. Man musste die eigenen Gedanken und Erfindungen immer wieder durch Experimente beweisen. Kant konnte eine These und ihre Antithese nebeneinander durch Worte beweisen.

Meine Illusion, dass man durch Gedanken und Worte allein das Universum ergründen, beziehungsweise ein klares Bild von ihm erlangen könne wurde dadurch gründlich zerstört. Der Absolutismus, den mir die katholische Kirche aufgedrängt hatte, war ein für allemal nicht mehr aufrecht zu halten. Meine Suche nach der Realität wurde in Gang gesetzt. Herr Tibbetts bat mich, für die Schulzeitung einen Beitrag zu schreiben. Thema: «Die Realität». Wochenlang grübelte ich, erwägte und verwarf viele Gedanken, derer ich nicht Herr zu werden vermochte. Schliesslich schrieb ich etwas über die Beziehung zwischen Gehirn und Verstand. Zu jener Zeit konnte ich nicht ahnen, dass ich damit die Grundlage meiner zukünftigen wissenschaftlichen Laufbahn geschaffen hatte.

Eine leichte Knieverletzung gab mir einen willkommenen Grund, mich vom Sport zurückzuziehen. Herr Tibbetts spornte mich und zwei andere Schüler dazu an, einen Film über unsere Schule zu drehen. Wir verbrachten ein Jahr damit, alles was auf dem Campus geschah, mit Hilfe einer 16mm-Kamera meiner Mutter zu dokumentieren: Fussballspiele, Rumhängereien in den beiden Schulclubs, Schulmahlzeiten, Unterrichtsstunden und Lehrerversammlungen. Aus 200 Meter schwarz/weiss-Material schnitten wir schliesslich einen einstündigen Film zusammen.

Wir wurden zum Direktor gerufen, bevor der Film vor den versammelten Eltern, Lehrern und Schülern gezeigt werden sollte. Er sagte: «Ich möchte den Film vorher allein sehen.» Wir widersprachen. Immerhin waren es nur noch drei Tage bis zur Uraufführung und wir hätten ihn nicht mehr umschneiden können, falls ihm etwas nicht gefiel. Er bestand jedoch darauf und so blieb uns nichts anderes übrig als ihm den Film knieschlotternd vorzuführen.

Wir zeigten zum Beispiel, wie sich einige ältere Jungs mit jüngeren rauften, wobei sich einige verletzten. Ausserdem waren einige nicht so gern gesehene Eidabnahmen in den Schulclubs gefilmt worden (ähnlich den Studentenverbindungen. A. d. Ü.). Der Direktor wollte diese Szenen nicht. Louis Goodmann, der Älteste von uns, hielt ein flammendes politisches Plädoyer für den Film. Herr Biggs war von diesem Plädoyer so stark beeindruckt, dass er auf seine Zensurmassnahmen verzichtete und uns die ungekürzte Vorführung des Filmes erlaubte.

Aufgrund des Filmes gab es anschliessend eine Sitzung des Elternrates, auf der die Schliessung der beiden Schulclubs beschlossen wurde. Ausserdem wurden bessere Beziehungen zwischen Lehrern und Schülern gefordert, damit es nicht wieder zu solchen Konflikten, wie sie im Film gezeigt wurden, kommen könne.

Ich fing an zu begreifen, welche Macht solche Aufzeichnungen von Menschen und Ereignissen haben konnten.

An der St.Paul-Hochschule wurde ich vom unbändigen Ehrgeiz gepackt, experimenteller Wissenschaftler zu werden. Ich bewarb mich am Massachusetts Institute of Technology (M.I.T) und wurde aufgenommen. Herr Varney führte eine lange Unterredung mit mir über das M.I.T. Er sagte: «An der kalifornischen Westküste gibt es eine Wissenschaftsschule, das California Institute of Technology (C.I.T. oder CalTech). Mir wäre es lieber, du würdest dorthin gehen. Bei ihnen muss man allerdings eine Aufnahmeprüfung absolvieren.»

Ich war sofort davon fasziniert. Prüfungsbögen wurden mir zugeschickt und ich brauchte drei Tage dafür. Es war die schwierigste Prüfung, die ich je gemacht hatte. Mir war, als ob ich sie nicht bestanden hätte.

Unterdessen hatte ich mich in Amelia, ein Mädchen aus Boston verliebt. Sie war ein sanftes, kultiviertes, künstlerisch veranlagtes Mädchen. Sie erschien mir sehr schön und sehr zart, obwohl sie auch ein sportlicher Typ war. Wir verabredeten uns häufig, wenn das auch nicht so einfach war. Sie lebte bei einer Tante unter strenger Aufsicht. Sie bekam einen Studienplatz am Vassar College und so besuchte ich sie im Sommer daheim bei ihrer Familie. Unser erster Streit brach aus, als es um meinen Studienplatz ging. Sie wollte nicht mehr mit mir gehen, falls ich am M.I.T. studieren würde. Enttäuscht und mit gebrochenem Herzen fuhr ich zurück. Als ich heimkam sagte meine Mutter: «Du hast einen Brief vom CalTech bekommen.»

Ich öffnete den Brief und da stand geschrieben, dass man mir aufgrund meiner guten Leistung ein Stipendium anbot.

Ich freute mich riesig. Zum einen würde dies meine Probleme mit Amelia lösen und zum andern würde ich zum erstenmal in meinem Leben von meinem Vater unabhängig sein.

Voller Freude zeigte ich den Brief meinem Vater. Er lehnte sofort ab. Ich solle ans M.I.T., da dies das bekanntere College sei. Ich diskutierte und argumentierte mit und gegen ihn und ging schliesslich wutentbrannt raus. Er wollte alle Unkosten für das M.I.T. zahlen, aber nicht einmal die Fahrkarte nach Kalifornien. Enttäuscht und verbittert sattelte ich mein Pferd und ritt aus. Am nächsten Tag baten mich meine Eltern zu einem Gespräch.

Mutter sagte: «Willst du wirklich nach Kalifornien?»

Ich: «Natürlich. CalTech ist für mich das bessere College. Ich bin noch nie in Kalifornien gewesen und möchte unbedingt dorthin. Ich will nicht in Boston oder Cambridge leben. Ich weiss wie es dort ist, und das Stadtleben behagt mir nicht. Das CalTech ist in Pasadena, einer Kleinstadt.»

Vater sagte: «Du weisst, dass deine Mutter und ich unsere Flitterwochen in Pasadena verbracht haben.»

«Alles was ich weiss ist, dass ich dorthin möchte. Ich bekomme dort ein Stipendium. Das gibt mir das Gefühl, dass ich dort zum erstenmal von dir unabhängig sein kann.»

Mutter sagte daraufhin: «Wir haben es beredet. Wir überlassen dir diese Entscheidung, auch wenn dich dein Vater lieber am M.I.T. sähe. Mir ist es am liebsten, du triffst deine eigene Wahl.»

So war die Entscheidung gefallen. Endlich konnte ich ein College meiner Wahl besuchen. Ich hatte etwas Angst, ob ich wohl auch neue Freunde finden würde, und ob ich wohl mit der Schule klarkäme.

Während Johns Zusammenfassung seines Lebens von der Kindheit bis zum College war Robert ruhig geblieben. Nachdem John geendet hatte entstand eine lange Pause.

Dann sagte Robert: «Dir ist vieles bewusst geworden, das dir bislang unklar war. Unsere Arbeit wird fortgesetzt. Deine Geschichte ist noch unvollständig. Heute warst du so tief in deine Geschichte vertieft, dass ich dich zwei Stunden habe reden lassen. Wir werden morgen zur gewohnten Stunde weitermachen.»

John lag ruhig auf der Couch. Er war immer noch in seine Vergangenheit versunken. Schliesslich stand er auf und verliess Roberts Praxis. Die alltägliche äussere Realität hatte ihn wieder.

6

Von der Physik zur Biologie

Als John in Roberts Vorzimmer kam, fühlte er sich abgesondert von sich selbst. Er kam zu früh, setzte sich in eine Ecke und dachte über seine Vergangenheit, seine Entscheidungen und über das, was ihn bis heute geprägt hatte, nach.

Einige Zeit später kam Robert und bedeutete ihm, in die Praxis zu kommen. Bevor er sich auf die Couch legte, sagte John: «Heute fühle ich mich von meiner Vergangenheit abgekapselt. Ich habe das Gefühl, jemand anderes zu sein, der mein Leben von einem anderen Sichtwinkel aus sieht, nicht durch meine Augen. Ich verspüre den Wunsch, heute über John zu reden, als ob ich jemand anderes wäre.»

Robert: «Du meinst, du kannst keinen Bezug zu deiner Vergangenheit, zu den Gefühlen und Ereignissen deiner Vergangenheit herstellen?»

John: «Mir ist heute so, als wäre ich nicht ich selber. Irgendwie bin ich ein anderes Wesen als der Mensch, der John genannt wird. Ich kann heute keine Gefühle aus Johns Vergangenheit empfinden. Es erscheint mir, als ob ich über ihm schweben, ihn von oben beobachten würde.»

Robert: «Dann schlage ich vor, dass du dieses Wesen bleibst und als solches erzählst.»

John: «Ich habe aber Angst davor.»

Robert: «Was fürchtest du?»

John: «Ich muss aufpassen, nicht von John abgeschnitten zu werden.»

Robert: «Wer bist du?»

John: «Ich bin ein ausserirdisches Wesen, ein Wächter, der auf meinen Agenten John aufpasst.»

Robert: «Du bist ein ausserirdisches Wesen, das auf seinen Agenten John aufpasst?»

John: «Ja.»

Robert: «Hast du als ausserirdisches Wesen Zugang zu Johns Erinnerungen?»

John: «Jawohl, den habe ich. Während John hier auf der Couch liegt und erzählt, bin ich über ihm und beobachte ihn dabei. Ich kontrolliere ihn. Ich kann seine Erinnerungen aktivieren und ihm behilflich sein, seine Vergangenheit aufzuarbeiten. Ist es dir recht, wenn wir so vorgehen?»

Robert: «Ja, mach weiter. Als John das letztemal mit mir sprach, erzählte er aus seinem Leben bis zu seiner Collegezeit. Möchtest du mit dieser Rückschau fortfahren?»

John: «Ja. Ich werde meinen Agenten instruieren, dort weiterzumachen. Da er meiner Gegenwart bewusst ist, wird er durch mich reden. Wir werden das, was er sagt, von meinem, nicht seinem Standpunkt aus betrachten. Ich werde durch ihn sprechen, dabei werde ich mich aber lieber der dritten statt der ersten Person bedienen.»

Robert: «Du meinst, dass du dir seiner lückenlosen Vergangenheit bewusst bist?»

John: «Ja. Ich bin sein ganzes Leben mit ihm gewesen und habe vollständigen Zugang zu seinen Erinnerungen; selbst zu jenen, die ihm nicht mehr bewusst sind. Ich glaube, du gebrauchst in diesem Zusammenhang die Ausdrücke ‹Verdrängung› und ‹Unterdrückung›. Während John redet, werde ich Informationen stückweise miteinflechten, die Teil seiner Geschichte sind. Ich werde allerdings Rücksicht darauf nehmen, wieviel er davon vertragen kann. Du und ich wissen, dass es für ihn notwendig ist, mit deiner und meiner Hilfe einiges rückblickend aufzuarbeiten.

Wertest du die Art, wie ich durch meinen Agenten zu dir rede, irgendwie?»

Robert: «Mein Job ist es, objektiv zu sein, mich nicht einzumischen und nichts zu bewerten. Mache ruhig weiter und rede für John.»

John: «Ich mache mir Sorgen darüber, dass ich das Wesen für mich sprechen lasse.»

Robert: «Lass es nur durch dich sprechen.»

Die nun folgenden Episoden aus seinem Collegeleben erzählt John auf der Couch, als ob er ein ausserirdisches Wesen sei.

Im Herbst 1933 fuhren die Eltern John zum Bahnhof. Zum erstenmal verliess er sein Elternhaus. Er war achtzehn Jahre alt und würde in Zukunft seine Heimat in Minnesota nur noch sporadisch aufsuchen. Sein Elternhaus gab ihm den nötigen Rückhalt für sein neues Leben. Der Zug fuhr durch Iowa, Nebraska, Wyoming, Utah und Nevada. Drei Tage später erreichte er Pasadena in Kalifornien. In jenen drei Tagen entwickelte er so etwas wie ein Verständnis seiner Einsamkeit. Die Zukunft würde nun ohne seine alten Freunde, ohne seine Familie weitergehen. Ihre Wichtigkeit für ihn würde nach und nach abnehmen, auch wenn sie für sein Überleben auf dem Planeten noch eine Rolle spielten.

Als er im CalTech ankam, war er einer von hundert Neulingen. Er liess sich registrieren und bezog das ihm zugewiesene Zimmer. Die ersten Tage besuchte er die Einführungskurse des YMCA.

Diese Versammlung von Neulingen brachte ihm die Erkenntnis, dass die anderen wie er waren; verglichen mit dem Rest der Menschheit eine Ansammlung von Exzentrikern. Als er mit seinen neuen Kollegen redete, fühlte er sich endlich zu Hause. Alle wussten sie genausoviel über die Wissenschaften und alle wollten sie mehr wissen.

Das CalTech-Motto «Die Wahrheit wird euch frei machen», wurde ihm schnell vertraut. Seine Kollegen akzeptierten es genauso schnell wie er. Er erfuhr, dass man auf das Football-Team, das sowieso seit fünf Jahren kein Spiel mehr gewonnen hatte, herabsah. Er bemerkte, dass das Fach «Leibesübungen», in dem man ein paar Pflichtscheine machen musste, von den Studenten als Witz aufgefasst wurde. Es gab vier Studentenheime und von jedem wurde die Bildung bestimmter Sportmannschaften erwartet, damit sich ein gewisser Gruppengeist und eine Kameradschaft entwickeln würden.

In jedem der Heime wiesen die älteren Studenten den jüngeren die Zimmer zu. Je länger man hier war, um so bessere Zimmer bewohnte man. Gegessen wurde im gemeinschaftlichen Speisesaal. Studentinnen gab es nicht. Alles war einfach und nüchtern, wie in einem Kloster.

In jedem der Studentenheime wohnte ein Lehrer. In Johns Heim war es Dr. Harvey Eagleson. Er lehrte Englische Literatur.

Doc Eagleson wurde im kommenden Jahr Johns hervorragendster Lehrer. Doc bestand darauf, dass seine Studenten regelmässig an Teestunden in seinem Zimmer teilnahmen. So erfuhr und lernte John von Freud und der Kunst und vielen anderen Dingen, die an der CalTech nicht auf dem Lehrplan standen. Doc verstand es geschickt, die Probleme der Einsamkeit und des Heimwehs zu behandeln. Er empfand familiäre Gefühle für seine Studenten. Er hatte nie geheiratet und über seine einzige Liebe, die bei einem Autounfall ums Leben gekommen war, einen Roman geschrieben. In seinem Appartment hing eine vollständige Sammlung japanischer Originaldrucke von Hiroshige an der Wand. Doc wirkte auf die Studenten, die sich für Kunst, Philosophie und Literatur interessierten, wie ein Magnet. Er unterstützte ihre literarischen Versuche. Für John war er eine Quelle der Inspiration.

Doc begann seinen Kurs in Englischer Literatur mit den Worten: «Gott starb 1859. Seitdem wächst der Dreckhaufen auf seinem Grabe unaufhörlich.»

Für John war dieses Statement etwas Sensationelles. Sein Glaube an den katholischen Gott lag noch in den letzten Zügen. Doc fuhr mit seiner Erklärung fort. 1859 habe es zwei Ereignisse gegeben, die zu einer Ablösung des herkömmlichen religiösen Glaubenssatzes geführt hätten: die Veröffentlichung von Charles Darwins *Von der Entstehung der Arten* und die Geburt Sigmund Freuds.

Doc war also der erste Mensch, mit dem John über seine Gedanken und seinen Glauben reden konnte. Er schwenkte vom Katholizismus endgültig zur wissenschaftlichen Weltanschauung über. Er las Darwin und vollzog innerlich die Kämpfe des 19. Jahrhunderts nach. So erarbeitete er sich das Gedankengut des 20. Jahrhunderts.

John erfuhr, dass er zur Gruppe A gehörte, ihr gehörten die besonders intelligenten Studenten mit einem Stipendium an. Er fand heraus, dass die strenge Disziplin seiner alten Schule eine gute Grundlage für das hiesige Studium war. Man erwartete von den Studenten, dass sie viel Zeit mit ihren Büchern verbrachten. Er fand in seiner Klasse und unter anderen Studenten einige Freunde.

Er war ins CalTech gekommen, um Physiker zu werden. Hier erkannte er, was für eine grosse Herausforderung das Studium war. Die Physik erfordert sowohl Höhere Mathematik wie auch eine extreme Hingabe zur Arbeit.

Die eine Hälfte der Studenten wollte Wissenschaftler werden, die andere Hälfte Techniker. Er bemerkte, dass die potentiellen Techniker jene waren, die Football spielten, mehr ausgingen und Gruppenaktivitäten organisierten. Er zweifelte, ob er die harte Ausbildung am CalTech schaffen könnte. Er redete über diese Zweifel aber nur mit Doc Eagleson.

Sein Zimmerkamerad war Jack Mason aus San Diego, ein hingebungsvoller Mathematikstudent. Trotzdem fühlte er sich bald überfordert und ging an die Stanford University. Unter den Studenten herrschte eine abfällige Meinung über andere Universitäten. CalTech war nun mal der Gipfel des Möglichen und die Studenten hier eine Elite. So äfften die Studenten den subtileren Snobismus des Lehrkörpers nach. CalTech akzeptierte nur die besten Studenten. Diesen war es jedoch kaum klar, dass «das Beste» in diesem Falle aus Kriterien bestand, die selbst innerhalb der akademischen Disziplinen sehr eng gesehen wurden.

Jahre später stellte John fest, dass CalTech-Studenten in der Tat eine sehr effektive Gruppe von Männern wurden. Unter seinen Mitschülern war der spätere Chef der Atomenergiekommission, der spätere Präsident der Stanford University; zu seinen Lehrern gehörte der spätere Chef des Düsenantriebs-Laboratoriums, der Chefkoordinator des National Security Councils und diverse Nobelpreisträger.

Dr. R. A. Millikan war der Direktor des CalTech. Später, während des Zweiten Weltkrieges arbeitete John mit dessen Sohn.

Im ersten Studienjahr verbrachte John wöchentlich 36 Stunden mit Vorlesungen in Chemie, Mathematik und Physik. Zusätzlich belegte er Kurse in Geschichte, Englisch und Volkswirtschaft. Diese Kurse waren eine willkommene Abwechslung zu den anstrengenden Wissenschaftslehren. Im Englischkurs konnte er bei Professor MacMinn beispielsweise in Essays niederschreiben, was er aus Freuds Werk lernte. 1934 schrieb er eine Zusammenfassung der Ereignisse des Ersten Weltkrieges aus der Warte eines Ausserirdischen, der in einem Raumschiff um die Erde kreiste. Das ein Jahr vorher erschienene Buch *Schöne Neue Welt* von Aldous Huxley wurde von dem jungen Studenten gewissenhaft gelesen.

Er bestand sein erstes Jahr so gut, dass ihm auch für das zweite anstandslos ein Stipendium angeboten wurde. Als das erste Jahr um war, wurde er von Doc Eagleson zu einer Unterredung gebeten.

Doc sagte: «Ich habe eine wichtige Nachricht für dich. Du hast einen schweren Fehler begangen. Ich möchte dir das klar machen. Ich möchte nicht, dass du dir deine Zukunft durch eine Wiederholung dieses Fehlers verbaust.»

John sackte das Herz in die Hose. Er versuchte sich alle möglichen Fehler vorzustellen.

Doc: «Es war ein Fehler, dein Fehler, das Stipendium anzunehmen. Man hat es dir zwar angeboten, aber man weiss auch, dass dein Vater recht wohlhabend ist. Du hättest die Ehre des Stipendiums akzeptieren sollen, nicht aber das Geld.»

John dachte: «Die verstehen meine Situation nicht; ich habe nur versucht, von meinem Vater unabhängig zu werden.»

John: «Warum ist mir dies nicht gesagt worden? Im Brief stand, dass man für meinen Unterhalt aufkomme. Über die Möglichkeit, lediglich die Ehre zu akzeptieren, hat mich niemand informiert. Ich fühle mich vom Lehrkörper ungerecht behandelt.»

Er versuchte Doc seine Situation zu erklären: «Das CalTech-Motto heisst doch ‹Die Wahrheit wird dich frei machen›. Wollen Sie mir nun weismachen, hier würde nicht die ganze Wahrheit gelehrt?»

Doc: «Wahrheit ist etwas Relatives. Die wissenschaftliche Wahrheit ist eine Sache, die menschliche Wahrheit eine andere.»

Doc erklärte ihm, dass CalTech eine arme Universität und von der Unterstützung privater Geschäftsleute und Forschungsaufträgen der Industrie und der Regierung abhängig sei. Johns Vater sei nun einmal wohlhabend und ausserdem sei auch ein Stipendium eine Abhängigkeit. Es gäbe einen Förderkreis, und er solle seinen Vater darauf aufmerksam machen. Der übliche Gönnerbeitrag sei zehntausend Dollar.

Doc: «Es ist höchste Zeit, dass du die Realität kennenlernst. Mehr kann ich dir dazu nicht sagen. Du hast dir ein falsches Bild über die Finanzierung wissenschaftlicher Arbeit gemacht. Wenn du dein Studium beendet hast, wirst du deinen Vater wieder um eine Unterstützung deiner wissenschaftlichen Arbeit und Forschung bitten müssen, ob du nun Universitäts-Professor wirst oder in einem Laboratorium arbeitest. Ich schlage vor, dass du mit deinem Vater Frieden schliesst und seinen guten Willen motivierst. Die Illusion der Unabhängigkeit ist etwas, das du dir nicht leisten kannst. Die menschliche Realität unterscheidet sich nun einmal beträchtlich von der wissenschaftlichen. Lies Machiavellis Buch *Der Prinz*. Die Macht und das Geld, das diese Macht repräsentiert, sind die Antriebsmittel. Seit Machiavelli haben sich die Zeiten kaum geändert.»

John war perplex, dass sich CalTech nicht selber finanzieren konnte. Doc gab ihm den Rat, in den Sommerferien darüber nachzudenken, sich das Geld von seinem Vater zu erbitten und dann bei Studienbeginn bekannt zu geben, dass er zwar das Stipendium freudig annehme, das Geld allerdings ablehnen würde.

John wandte ein, dass er lieber arbeiten ginge um Geld zu verdienen, um von seinem Vater unabhängig zu sein, doch dieser Gedanke wurde von Doc als «dumm» abgetan. Immerhin habe er an der CalTech die Möglichkeit der besten wissenschaftlichen Ausbildung. Er sei erst neunzehn Jahre alt und habe noch viel zu lernen. Seine bemerkenswerte geistige Unabhängigkeit sei eben sowohl eine Belastung wie auch sein Vorteil. Er müsse jedoch begreifen, dass eine Unabhängigkeit des Verstandes nur in einer Realität gegenseitig voneinander abhängiger Menschen ein Gewicht habe. Durch sein eigenes Studium würde er schon noch selber darauf kommen, dass es keine Unabhängigkeit, sondern nur die Illusion einer Unabhängigkeit gibt.

John verbrachte den Sommer daheim in Minnesota. Er ritt viel aus, lebte mit der Familie und dachte über das, was ihm Doc eröffnet hatte, nach. Schliesslich hatte er eine Aussprache mit seinem Vater, erklärte ihm die Sachlage und bat ihn um Unterstützung. Seine Eltern redeten miteinander und informierten ihn, dass sie ihn unterstützen würden.

John schrieb daraufhin dem Stipendienausschuss einen Brief. Er bat darum, dass das für ihn vorgesehene Geld doch zurück in den Fonds fliessen solle, aus dem ärmere Studenten Zuschüsse bekamen.

In diesem Sommer wurde John bewusst, dass er wirklich exzentrisch war. Seine ehemaligen Schulkameraden waren an die üblichen Universitäten gegangen. Als sie sich wiedertrafen, wurde ihm klar, dass sie sich von seinem speziellen Universum von Erfahrungen immer weiter fortbewegten. Die Erzählungen von den anderen Universitäten kamen ihm so fremd und anders als seine Erfahrungen an der CalTech vor, dass er sie nicht mehr verstehen konnte, geschweige denn ihren Lebensstil. Die meisten dieser Erzählungen handelten vom Football, von Parties, wen sie getroffen und mit wem sie geredet hatten. Der übliche Klatsch und Tratsch der Ostküste. Seine Freunde waren fast alle nach Osten gegangen und die Höhepunkte ihrer Erlebnisse waren Ausflüge auf den Broadway in New York oder bestimmte Sportereignisse.

John fühlte sich ausgestossen und einsam. Er gehörte nicht mehr dazu. Er besuchte Parties, aber sie langweilten ihn. Die Mädchen waren schön, aber unerreichbar. Er fühlte sich wie ein Aussenseiter, der eine Szene beobachtet, aber nicht dazu gehört. Amelia war auch zurückgekehrt. Sie hatte sich jedoch stark verändert und wollte sich nicht mit ihm verabreden. Er verabredete sich mit einem anderen Mädchen, aber die konnte sich für sein Interesse an der Philosophie und Wissenschaft nicht erwärmen. Sie war auch nicht so bezaubernd. In einer Nachbarstadt traf er einen Studienkollegen vom CalTech. Von da ab verbrachten sie ihre Zeit miteinander.

Er sah seine Heimatstadt St.Paul plötzlich als Sackgasse. Dort interessierte man sich einfach nicht für wissenschaftliche Arbeit, dort stellte niemand Fragen über die Welt und das Universum. Seine Schwierigkeiten innerhalb der Familie nahmen zu. Er entschied sich, nicht mehr nach Minnesota zurückzukehren, wenn es sich irgendwie vermeiden liess. Die Familienbande lockerten sich und seine finanzielle Abhängigkeit von den Eltern missfiel ihm zusehends. Er verbrachte seine Zeit in der Funkstation mit Funkern aus aller Welt. Wen er auch in Minnesota besuchte – alle fragten ihn nach seinem Vater und niemand hatte ein Interesse für die Themen, die ihn fesselten.

Im Herbst 1934 kehrte er ins CalTech zurück und setzte sein Studium fort.

In jenem Jahr hatte er erstmals mit der Biologie zu tun. Sein Professor war Thomas Hunt Morgan. Dieser Kurs beeinflusste John mehr als irgendein anderer zuvor. In der ersten Vorlesung zeigte Professor Morgan das Dia eines Embryo im Uterus.

Er sagte: «Dieses hier ist ein Embryo eines Schweines. Nein, es ist ein

Affenembryo. Oh, tut mir leid, ich habe die Dias durcheinandergebracht. Es ist ein Menschenembryo. Aber in diesem Entwicklungsstadium erkennt man sowieso keine Unterschiede, sie sehen doch alle gleich aus.»

John war schockiert. Es war für ihn etwas völlig neues, dass alle Säugetiere die gleichen Entwicklungsstufen durchmachten, selbst der Mensch. Der embryonale Beweis für die Herkunft des Menschen als Säugetier war ein aufregender Gedanke für den jungen Studenten.

Je länger der Kurs lief, um so klarer wurde es ihm, dass er aus diesem Wissensbereich mehr erfahren musste. In den nun folgenden Jahren widmete er sich immer mehr der Biologie. Das meiste Interesse entwickelte er dabei für die Studien des Ursprungs, der Entwicklung, der Funktionen und der Struktur des zentralen Nervensystems, des Gehirns.

Es gab nur drei Biologiestudenten und die zehnfache Zahl an Professoren. Jeder der Studenten hatte ein Forschungsgebiet in einer der biologischen Disziplinen. Jeder Student musste genetische Untersuchungen an der Fruchtfliege durchführen. Auf diese Weise gelang es Professor Morgan, eine Karte der Entwicklungen der Gene und Chromosomen der Fruchtfliege anzufertigen. Für diese Arbeit bekam er den Nobelpreis. John belegte Kurse in Genetik, Pflanzenphysiologie, Zoologie der Wirbeltiere, Biochemie, Neurophysiologie, Embryologie und Anatomie der Säugetiere.

Die Einzeller, die Protozoen faszinierten ihn. Er betrachtete unter seinem Mikroskop Algen, wie sie sich fortbewegten und dabei durch ihr Chlorophyll Sonnenlicht absorbierten. Die geschäftigen Geisseltierchen. Er beobachtete die Entwicklung der Pflanzen aus dem Samen, die Entwicklung der Seeorganismen aus dem Ei. Er sezierte Katzen, Frösche und Fische. Er studierte die Gehirne kleinerer Organismen und das Katzengehirn. Er beobachtete die Äusserungen der elektrischen Aktivitäten des Gehirns und des Nervensystems von Flusskrebsen und Katzen. Er las die Literatur der Neurophysiologie und begeisterte sich für die elektrischen Aktivitäten des Gehirnes und der möglichen Auswirkungen verschiedener gebräuchlicher Forschungstechniken.

Im nächstfolgenden Sommer wurde ein Papier von Edgar Adrian über *Die Auswirkungen elektrischer Aktivitäten im zentralen Nervensystem* diskutiert. Diese Arbeit erweckte ein so starkes Interesse in John, dass er sich entschloss, sich total der Erforschung des Gehirnes und dessen elektrischer Aktivitäten zu widmen. Er entwickelte eine Methode, wie man diese elektrischen Aktivitäten des zentralen Nervensystems mit einer fernsehähnlichen Apparatur porträtieren und sichtbar machen konnte, um zu erkennen, wie sich die Ströme auf der Oberfläche des Gehirnes entwickelten. Jahre später setzte er diesen Entwurf in die Tat um und sah Gehirnströme, wie sie bislang von niemandem gesehen wurden.

Er wurde aufgefordert, der Anaximandrian-Gesellschaft der Biologischen Abteilung des CalTech beizutreten.

Professor Henry Borsook leitete diese Gesellschaft. Er war Professor für Biochemie. Jeder Student wurde gebeten, einen wissenschaftlichen Bericht über ein Gebiet der Biologie oder Medizin zu verfassen. John wählte sich *Die Geschichte des Gehirnes in der Literatur* zum Thema. Er las von Hippokrates, Aristoteles und Gelenus alles, hin bis ins 20. Jahrhundert. Diese Nachforschungen erweiterten sein Interesse an der Physiologie des Gehirnes und der Entwicklung von Gedanken über die Verbindung zwischen Gehirn und Verstand und vertiefte es. Verschiedene Diskussionen mit Professor Borsook machten ihm schliesslich klar, dass er den Rest seines Lebens der Erforschung von Gehirn und Verstand /Geist widmen würde. Borsook sagte: «Was Sie an Wissen für die Erforschung des Gehirnes und des Verstandes/Geistes brauchen um weiterzukommen, erlernen Sie nur als Mediziner. Solange Sie nicht Doktor der Medizin sind, können Sie das, was Sie suchen nicht finden. Ich rate Ihnen also dringlichst, Mediziner zu werden und den Doktor zu erlangen.»

John akzeptierte diesen Vorschlag und bewarb sich an verschiedenen medizinischen Instituten.

Sobald das Wesen aufgehört hatte zu sprechen, übernahm John seinen Körper wieder. Ruhig lag er auf der Couch und liess die vergangene Stunde nochmals an sich vorbeiziehen.

Robert: «Mit wem rede ich jetzt?»

John: «Das Wesen ist fort. Irgendwie bin ich es wieder selber.»

Robert: «Warst du deiner bewusst, während das Wesen sprach?»

John: «Ja, ab und zu überkam mich allerdings Panik, ich könne die Kontrolle über diesen Körper verlieren und nicht in ihn zurückkehren.»

Robert: «Hast du schon einmal ähnliches erlebt?»

John: «Ich scheine mich daran zu erinnern, dass mir als Kind schon einmal ähnliches geschah. Ich war schwer krank und musste längere Zeit das Bett hüten, ohne aufstehen und mit meinen Brüdern spielen zu dürfen. Auch damals hatte ich so ein Gefühl, als ob ein Wesen mit mir und durch mich sprechen würde.

Es wiederholte sich auch sonst, aber schwächer und kürzer. Als ich zum Beispiel aus der Narkose einer Mandeloperation erwachte, als mir meine vier Weisheitszähne gezogen wurden, als ich in der Grundschule vom Baum fiel und auf den Kopf aufschlug.»

Robert: «Du hast also immer dann Erfahrungen mit diesem Wesen gemacht, wenn dein Körper durch Krankheit, Narkose oder Fieber geschwächt war?»

John: «Jawohl. Aber heute war das anders. Heute war weder eine Krankheit noch eine Droge im Spiel.»

Robert: «Dir wird also deine Veranlagung, dich zu spalten, bewusst? Mal bist du ein Ausserirdischer, mal ein Mensch?»

John: «Ja. Mir fallen natürlich auch sofort alle möglichen Ausdrücke der psychiatrischen Diagnostik für solche Zustände ein. Ich denke an hypnotische Regression und Bewusstseinsspaltung. Ich denke an psychotische Phasen, in denen eine Person zwei Persönlichkeiten entwickelt.

Ich bringe diese Erklärungen anscheinend aber nur vor, weil du ein Psychoanalytiker bist. Mir erscheinen diese Erklärungen als unzureichend und nicht zutreffend.»

Robert: «Du lehnst also psychiatrische und psychoanalytische Erklärungsmodelle für die heutigen Ereignisse im tiefsten Innern ab?»

John: «Ja. Diese klinischen Fachausdrücke erscheinen mir nicht ausreichend. Andererseits kann es ja auch ein weiterer Versuch meines unbefangenen Unterbewusstseins sein, für das, was heute in mir vorgegangen ist, eine möglichst phantastische Erklärung zu finden.»

Robert: «Wie würdest du denn das, was heute geschehen ist, erklären?»

John: «Nun, alles was ich dazu sagen kann ist, dass mein herkömmliches Wissen um die Wissenschaften, Psychoanalyse und Psychiatrie nicht ausreicht, um die heutigen Ereignisse zu erklären. Da ist irgend etwas, das den Rahmen unserer bisherigen Erkenntnisse des Denkens und Erklärens sprengt.»

Robert: «Es gehört nicht zu meinen Aufgaben, erklärende Theorien zu diskutieren. Ich bin nur hier, um dir klar zu machen, was in dir vorgeht – soweit ich dazu in der Lage bin. Ich will dir die Prozesse, denen du unterliegst, bewusst machen. Es ist nicht meine Aufgabe, dich wie in einer Klinik zu diagnostizieren und abzustempeln. Deine Aussagen sind Korn für die Mühlen der Psychoanalyse. Meine eigenen Ansichten über dich sind hier völlig unerheblich.

Lass uns morgen zur gewohnten Stunde weitermachen. Ich schlage vor, dass wir deiner Analyse diese Woche sieben statt der üblichen fünf Tage widmen. Komm also auch am Samstag und Sonntag.»

John: «Dieser Vorschlag erweckt in mir Gefühle der Angst. Es scheint mir so, als ob dich die heutigen Ereignisse erschreckt hätten und du nun versuchen willst, unbedingt die Kontrolle über mich zu erlangen.»

Robert: «Wie auch immer. Lass uns morgen zur gewohnten Stunde weitermachen.»

7

Erste Heirat und medizinische Ausbildung

Am nächsten Tag betrat John Roberts Praxis und liess sich auf die Couch fallen.

John: «Ich habe über die gestrigen Ereignisse nachgedacht. Es ist mir noch stark gegenwärtig, dass das Wesen mich übernahm und meine Geschichte aus der Sicht eines Dritten erzählte. Falls es kein solches ausserirdisches Wesen gibt, habe ich all dies in meinem Kopf erfunden, um so den Gefühlen der Vergangenheit erneut zu entkommen. In diesem Falle hätte ich das Wesen nur vorgeschoben, um nicht selber in den Tiefen meines Unterbewusstseins herumwühlen zu müssen. Ich war wie ein Historiker, der seine eigene Geschichte erzählt, als sei es die eines anderen. Ich finde, dass ich so vieles, was hier von Wichtigkeit ist, besser ausdrücken kann. Diese Methode, die es mir erlaubt, mich von ausserhalb zu sehen und zu erklären, so als hätte ich nichts mit mir zu tun, empfinde ich als eine sehr angenehme Konstruktion.

Ich möchte deshalb die heutige Sitzung so weiterführen. Dies erlaubt mir, einige der Erlebnisse meiner Vergangenheit von einem objektiven Standpunkt aus zu betrachten.»

Robert: «Du fühlst dich also sicherer, wenn du vorgibst, dass deine Vergangenheit die eines anderen ist?»

John: «Ja. Heute werde ich damit fortfahren, mein Leben mit den Augen eines Historikers zu betrachten.»

Robert: «Ist das Wesen heute für dich Wirklichkeit?»

John: «Es erscheint mir nicht so real wie gestern. Er, sie oder es ist nicht unbedingt in diesem Raum, es scheint mir irgendwo zu sein. Aber mir ist, als würde es mir zuhören, während ich mit dir rede.»

Robert: «Mir ist es ziemlich gleich, wie du mit mir sprichst, welche Grammatik du benutzt und ob du die erste oder dritte Person wählst.»

John: «Ok. Ich möchte trotzdem in der dritten Person sprechen.»

John lebte in den ersten zwei Jahren am CalTech wie ein Mönch. Verabredungen waren sehr selten und die Arbeit an seiner Ausbildung sehr hart.

In seinem dritten Studienjahr, als er gerade zwanzig war, lernte er Mary kennen. Wiederholt verabredete er sich mit ihr und verliebte sich auf seine naive, mönchische Art. Sein respektvoller Umgang mit Frauen wurde immer noch von seiner katholischen Erziehung geprägt. Das voreheliche Zölibat wurde hoch gehalten. Er beschloss, Mary zu heiraten, sobald er 21 Jahre alt und damit unabhängig von elterlichen Entscheidungen war.

Seine Leistungen am CalTech liessen nach. Er schlief nicht genug, und die Arbeitsdisziplin der ersten zwei Jahre schwand dahin. Er grübelte nach, ob er das CalTech verlassen und an eine leichtere Universität gehen sollte. Im Februar besuchte er seine Eltern und sagte ihnen, dass er es nicht mehr schaffe. Er wurde von ihnen zu einem Neurologen geschickt. Dieser riet ihm zu einigen Monaten körperlicher Arbeit. Er solle seine intellektuelle Arbeit zeitweilig zurückstellen. Mit Hilfe seines Vaters bekam er einen Job bei den Holzfällern in Oregon. Im Winter arbeitete er im Sägewerk, wo er die verschiedenen Baumstämme zu ordnen hatte. Nach der Schneeschmelze wurde er Mitglied des Arbeitsteams, das Schienen zu verlegen hatte, auf denen man die Stämme einfacher aus dem Wald transportieren konnte.

Kurz bevor er Pasadena im Januar verliess, bat er Mary, ihn an seinem 21. Geburtstag zu heiraten. Sie nahm an, und so verlobten sie sich.

Einige Zeit lebte John mit der Arbeitskolonne im Wald. Er wohnte in einer Blockhütte, die auch einen Epileptiker beherbergte. Eines Nachts wurde er von tierähnlichen Schreien geweckt. Sie erfüllten den ganzen Raum. Einer der Arbeiter drückte dem Epileptiker einen Löffel auf die Zunge, um zu verhindern, dass dieser sie versehentlich abbiss. Dieser Vorfall erschreckte John arg, und er zog in die nahegelegene Stadt. Dort kaufte er sich eine Ausgabe von Grays Anatomiebuch und bereitete sich auf sein Medizinstudium vor.

Seine Arbeit bestand darin, den Schienenlegern eine Bresche in die Büsche zu schlagen. Eines Tages schlug er sich mit der Axt in den Fuss. Zuerst glaubte er, er habe einen der herumspringenden Hunde getroffen.

Plötzlich fing der Schmerz an und er legte das Bein hoch. Während er seine Arterie drückte, um den Blutfluss zu stoppen, rief er laut um Hilfe. Arbeiter brachten ihn ins Krankenhaus.

Der behandelnde Chirurg meinte: «Sie müssen eine Ahnung von der Anatomie haben. Die Axt hat den Fuss genau dort getroffen, wo sie tief rein kann ohne etwas wichtiges zu verletzen.»

John sagte nebenbei: «Ich habe *Grays Anatomie* studiert.»

Chirurg: «Haben Sie vor, Medizin zu studieren?»

«Sobald ich meinen Abschluss von der CalTech habe, werde ich mit Medizin anfangen.»

Chirurg: «Bis diese Wunden verheilt sind, werden Sie einige Zeit hier im Spital verbringen müssen. Ich werde Ihnen eine Typhus-Impfung verabreichen, um so einer möglichen Infektion vorzubeugen. Hier werden Sie viel lernen, das Sie später in Ihrem Studium gut gebrauchen können.»

Seine Temperatur stieg unter dem Einfluss der Impfung für drei Tage stark an. Langsam heilte der Fuss.

Er lag in der Abteilung für Auto- und Mühlenunfälle. Das Stöhnen und die Schmerzensschreie der anderen Patienten liess ihn nachts kaum schlafen. Sein Wunsch, Arzt zu werden, um solchen Menschen helfen zu können, verstärkte sich.

Sobald der Fuss verheilt war ging er zurück nach Minnesota, um die Hochzeit vorzubereiten.

Seine Eltern bestanden auf einer katholischen Hochzeitszeremonie und verpflichteten hierzu den Priester Francis Thornton. Dieser hatte in Johns Jugendzeit einigen Einfluss auf den Jungen gehabt. Die ganze Hochzeitsgesellschaft flog nach Pasadena und traf dort Marys Familie. Alle Teilnehmer waren vornehm gekleidet und das erhabene katholische Ritual beherrschte die Szene.

John war an der Uni der einzige Ehemann seines Jahrganges. Mary ging weiter an ihre Kunstschule und John nahm sein intensives Studium wieder auf. Im selben Jahr wurde Mary schwanger. Während der Schwangerschaft stürzte sie und brach sich das Rückgrat. Ihre Schmerzen blieben so stark, dass sie zu Johns Eltern zog. Das Kind kam zur Welt, als John gerade seine Examensarbeit absolvierte. Marys Schmerzen nahmen zu.

Im Sommer kehrte John zurück und sprach auf Anraten seines Vaters mit Dr. Mayo von der Mayoklinik. Dieser machte ihm klar, dass er nur eine Möglichkeit habe: «Den Grundkurs müssen Sie in Anatomie belegen, ganz gleich, ob Sie nun Arzt oder Forscher werden wollen. In den USA gibt es nur einen Platz, wo dieser Kurs korrekt gelehrt wird, bei Dr. Frederick Lord, an der Dartmouth Medical School in Hannover. Gehen Sie dorthin.»

Zufällig studierte auch Johns Bruder David in Dartmouth. John bewarb sich und wurde angenommen.

Johns Vater hatte einen Unfall, bei dem er mit seinem Wagen dreissig Meter von einer Brücke stürzte. John sass drei Wochen neben seines Vaters Bett, während dieser unter einem Sauerstoffzelt im Koma lag.

Eines Morgens kam er zu sich, sah John und sagte sofort: «Du gehst nicht nach Dartmouth, sondern nach Harvard.»

«Ich gehe nach Dartmouth. Willkommen! Ich bin froh, dass du wieder aus dem Koma erwacht bist.»

John schloss sein Studium an der CalTech mit einem Diplom ab. Zur Feier waren seine Frau und sein Kind anwesend. Er fuhr mit seiner Familie nach Dartmouth. Marys Schmerzen nahmen zu und sie wurde operiert. Drei Monate musste sie im Gipsbett liegen.

Das Studium war grundlegend anders als vorher, aber ebenfalls sehr gründlich. Er verbrachte Hunderte von Stunden beim Sezieren menschlicher Körper. Die Bakteriologie faszinierte ihn. Die mikroskopische Arbeit am menschlichen Gewebe offenbarte ihm evolutionäre Kunst.

John fing an Ski zu fahren. Er entdeckte eine Methode, den optimalen Schwerpunkt des Menschen beim Skifahren festzulegen. Er erfand eine Methode, die menschlichen Herzschläge parallel zum EKG aufzunehmen.

Unter seinen 21 Studienkollegen war nur einer, Fred Worden, der auch Forscher werden wollte. Die zwei gemeinsamen Jahre in Dartmouth waren die Grundlage einer lebenslangen Freundschaft. Ihm wurde geraten, anschliessend nicht nach Harvard zu gehen, wie er es geplant hatte, sondern an die Universität von Pennsylvania. Später war er für diesen Tip sehr dankbar. Irgendetwas schien ihn von Harvard fernzuhalten.

Sein Vorhaben, die Verbindung zwischen Gehirn und/oder Geist/Verstand zu erforschen, verstärkte sich. Seine Kurse in Neuroanatomie und Neurologie halfen ihm bei dieser Suche weiter. Er erkannte die Begrenzungen der herkömmlichen Psychiatrie. Seine Arbeiten am CalTech hatten ihm eine Richtung aufgezeigt, die Erfahrungen in Dartmouth bestätigten ihn; eine gute Grundlage seiner zukünftigen Forschung.

Mary entschloss sich, mit dem Sohn nach Hawaii zu ziehen. John kehrte ins CalTech zurück und begann unter Dr. Borsook seine erste wissenschaftliche Forschungsarbeit. Er analysierte während einer proteinfreien Diät die Ausscheidungen einzelner Stoffe im eigenen Blut und Urin. Er nahm Aminosäuren zu sich und untersuchte Stoffwechsel und Ausscheidungen. In seinem zweiten Studienjahr forschte er nebenbei. Er untersuchte die Schmelzpunkte verschiedener Drogen.

John traf einen Chirurgen, der versuchte, sowohl therapeutischer wie auch forschender Mediziner zu sein. Dieser gab John den dringenden Rat, sich für eine der beiden Richtungen zu entscheiden. John wollte Forscher werden.

Professor H.C. Bazett stellte ihm in Pennsylvania einen Raum für eigene Forschungen zur Verfügung. Bazett suchte nach einer Methode, den Blutdruck permanent messen zu können, eine Methode, die man sowohl am Operationstisch wie auch im Flugzeug anwenden konnte. Er war Engländer und hochgradig in militärische Forschung verwickelt. England befand sich damals schon im Krieg.

John sah die bislang entwickelte Apparatur und es war ihm sofort klar, dass es so nicht ging. Das folgende Jahr verbrachte John mit Selbstversuchen und Entwürfen. Es klappte. Dr. Bazett nahm die Maschine mit auf eine Tagung in Kanada, dort wurde sie von der Royal Air Force eingesetzt. John wurde ermuntert, seine erste wissenschaftliche Arbeit über diese Art der Blutdruckmessung zu schreiben: *The Electrical Capacitance Diaphragm Manometer.*

Während dieser Forschung traf John auf Britton Chance, der ihm viele Tips auf dem Gebiet der Elektronik vermittelte.

Ab 1942 studierte und forschte John elf Jahre unter der Leitung von Detlev Bronk und später unter Chance Biophysik.

Seine Ehe verlief mehr schlecht als recht. Er verbrachte den Grossteil seiner Zeit mit dem Studium und der Forschung. Er bemühte sich, sein Leben gerechter einzuteilen, aber es gelang ihm nicht. Es trieb ihn zur Forschung und so blieb nicht genügend Zeit für die Familie. Nach dem Krieg hatte er eine erste Affäre mit einer anderen Frau.

Durch Mary erfuhren seine Eltern davon und zitierten ihn nach Hause. Sein Vater drohte, ihn zu enterben, falls er seinem Eheversprechen nicht nachkäme.

John machte eine Phase starker Paranoia durch. Er zog sich von der Familie und den Arbeitskollegen zurück. Ein Mitschüler riet ihm zur Psychoanalyse. John suchte einen Analytiker und fand Dr. Robert Waelder.

Robert: «Wie fühlst du dich mit dieser neuen Technik, dein Leben aus der Sicht eines Historikers aufzuarbeiten?»

John: «Es scheint mir eine sehr effektive Methode zu sein, in der dritten Person zu reden. Da kommt einiges hoch, über das ich sonst nicht geredet hätte. Trotzdem habe ich meine Zweifel. Meine emotionelle Anteilnahme ist bei weitem nicht so stark wie vorher in meinen Erinnerungen in der ersten Person.»

Robert: «Für heute ist unsere Zeit um. Ich sehe dich morgen wieder.»

8

Elektronen verbinden den menschlichen Verstand/Geist mit dem menschlichen Gehirn

Robert: «In deinen beiden vergangenen Sitzungen hast du einmal als Ausserirdischer und ein andermal als Historiker in der dritten Person erzählt. Wer bist du heute?»

John: «Heute fühle ich mich durch diese Erwähnung beleidigt.»

Robert: «Warum?»

John: «Heute bin ich in mich selbst. Es gibt weder ein ausserirdisches Wesen noch einen Historiker. Mir ist, als ob die vergangenen Tage ein Schauspiel gewesen seien, das jemand anderes geschrieben hat.»

Robert: «Was ist mit deinen Gefühlen der Wut?»

John: «Ich bin enttäuscht von mir. Mein ‹calvinistisches Bewusstsein›, wie Sie es nennen, sagt mir, dass ich verrückt bin, von einem Ausserirdischen oder Historiker zu reden. Die dritte Person ist so oder so nicht wirklich.»

Robert: «Also ist dein Gefühl beleidigt zu sein, dass ich dich mit Worten verletzt habe, eine Projektion?»

John: «Ja. Ich bin hin und her gerissen zwischen Gefühlen und Bewusstsein. Aber das alles erscheint mir sehr trivial und ich würde mich gerne Wichtigerem zuwenden. Ich verfolge eine geheime Mission. Ich würde heute gerne darüber reden.

Darin wird auch der Grund liegen, warum ich negative Gefühle auf dich projiziert habe. Bislang habe ich mit niemandem über dieses Geheimnis geredet.»

Robert: «Was ist deine geheime Aufgabe?»

John: «Damit du alles besser verstehen kannst, muss ich ein wenig ausholen. Dabei würde ich wieder gerne in der dritten Person als Historiker erzählen, weil ich es dann objektiver vermitteln kann.»

Robert: «Wie du willst.»

In Dartmouth wurde dem jungen Wissenschaftler das Dogma, welches die Arbeit an Gehirn und Verstand/Geist an Amerikas Medizinerschulen belastete, stärker bewusst als zuvor. Seine Kurse in Psychiatrie, Neuroanatomie, Neurochirurgie und Neurologie machten ihm die allgemeine medizinische Realität, die Simulationen der Mediziner selbst und der menschlichen Rasse im allgemeinen deutlich. In diesen Vorbereitungsjahren lernte er die bekannten Modelle und Simulationen über sich und seine Mitmenschen kennen.

In der Schule sah er während Operationen die zarte, rosafarbene, pulsierende Oberfläche menschlicher Gehirne. Als Medizinstudent hörte er den Patienten zu, die ihm von menschlichem Leid erzählten, er entlockte ihnen diese Informationen geradezu. Er betreute Patienten mit neurologischen Erkrankungen, Gehirnverletzungen und psychologischen Traumata. Die Forschungswelle des Zweiten Weltkrieges erfasste ihn. Nach dem Krieg belegte er einen Kurs in Atomphysik: «Wie man die Atombombe herstellt».

Im Laufe dieser Jahre verlor er die Kontakte zu seinen Wächtern. Er nannte solche Gedanken «Science Fiction». Die Realität der menschlichen Übereinstimmung übernahm seinen Verstand/Geist, sein Gehirn und seine sozialen Bindungen. Von 1940 bis 1945 nahm er an militärischen Forschungsaufträgen teil. Ausser seinem Blutdruckmesser entwickelte er eine Apparatur, mit der man menschliche Schweissaussonderungen auch in grossen Höhen messen konnte. Dazu entwickelte er eine Methode, mit der man sehr schnell den Stickstoffgehalt eines Piloten in grosser Höhe messen konnte. Aufgrund dieser Arbeiten wurde er von der War Manpower Commission auf die Liste bevorzugter Wissenschaftler gesetzt.

John lernte in diesen Jahren viel über menschliches Verhalten in extremen Zuständen. Er unternahm Selbstversuche in der Druckluftkammer. Hunderte von Stunden unterzog er sich freiwilliger Modellversuche in der Kammer, die einen Sauerstoffmangel in zehntausend Meter Höhe simulierten.

Er erfuhr von der kriegsbedingten Unterstützung der Universitätsforschung durch Regierungsstellen. Er selber wurde von der Air Force unterstützt. Er erkannte, dass die Wissenschaften zu Kriegszeiten zu einer sehr zielgerichteten, zweckgebundenen, pragmatischen Angelegenheit wurden. Seine Freunde wurden vom Manhattan Project (Herstellung der Atombombe, A.d.Ü.) aufgesogen.

Er fing an zu verstehen, dass das menschliche Wissen um den eigenen Verstand/Geist und das Gehirn noch auf einer primitiven Entwicklungsstufe stand und in der Politik, den wirtschaftlichen Strukturen, den Medien oder gar in den neugegründeten Vereinten Nationen nur eine sehr untergeordnete Rolle spielte. Er erkannte, dass sein Vorhaben ein quasi vorpubertäres Unterfangen in der Entwicklungsgeschichte der Menschheit darstellte. Sein Forschungsdrang in diese Richtung wurde aber einstweilen vom Krieg unterbrochen.

Ab 1942 arbeitete er unter Detlev Bronk für die Johnson Foundation. Am Tage, als der Krieg endete, kam Professor Bronk in sein Labor.

Detlev: «John, die Kriegsarbeiten sind beendet. Es ist an der Zeit, über nicht kriegsgebundene Forschung nachzudenken.» Detlev schaute aus dem Fenster. Er sagte: «Siehst du das flache Gebäude dort drüben. Ich würde gerne noch ein Stockwerk draufsetzen lassen. Das würde etwa hundertfünfzigtausend Dollar kosten. Ich schlag vor, dass du deinen Vater um das Geld bittest. Wenn du es beschaffen würdest, könntest du dort ein eigenes Labor beziehen, in dem du unter meiner Aufsicht eigene Forschungen anstellen könntest.»

John: «An welche Art von Forschung denken Sie?»

Detlev: «Ich hätte dich gerne in meinem Team. Wir untersuchen einzelne Neuronen. Ich würde gerne dort weitermachen, wo ich wegen des Krieges aufhören musste.»

John: «Nun, Detlev, auch ich würde jetzt gerne das erforschen, was mir seit 1937 vorschwebt. Ich möchte die Aktivitäten des unbetäubten gesunden Gehirnes sowohl an der Oberfläche wie auch in seinem Inneren aufzeichnen. Dabei möchte ich mit einem fernsehähnlichen Monitor arbeiten.»

Detlev: «Wenn du unabhängig von meinem Team forschen willst, musst du auch selber die finanziellen Mittel dafür auftreiben.»

John: «Ich weiss nicht, ob mir das gelingen wird. Aber kann ich meine Stellung in der Foundation behalten, falls es mir gelingen sollte?»

Detlev war nun offensichtlich enttäuscht, bot ihm aber trotzdem eine Stellung mit kleinem Gehalt an.

John war verärgert und aufgebracht, versprach aber trotzdem, sich um die Finanzierung zu kümmern. Er flog nach Hause und brachte seinen Vater dazu, der Universität zehntausend Dollar als zweckgebundene Spende für die Gehirnforschung seines Sohnes zu überweisen.

Auf dieser Basis baute John dann einen 25-Kanal-Monitor, der die Aktivitäten der Grosshirnrinde sichtbar machte. Als dieses Gerät endlich fertig war, konnte man auf ihm die Gehirnströme von Katzen, Affen und Kaninchen beobachten.

John studierte Neurochirurgie und lernte, wie man empfindliche Elektroden und die angemessene elektronische Ausrüstung baute. Es fiel ihm auf, dass die Heilung eines Tieres nach einer Operation, bei der ihm Schädelmaterial entnommen wurde, verhältnismässig lange dauerte. Er erkannte die zarte Natur lebender Gehirne von Säugetieren. Er stellte fest, dass jede Arbeit an Schädel und Gehirn zu mehr oder weniger grossen Verletzungen des Gehirnes führte.

Er lernte, unbehandelte Affengehirne zu stimulieren. Er erfuhr, dass falsch regulierte Stromstösse ein Gehirn zerstören konnten. Er entwickelte neue elektrische Wellenformen, die keine Gehirnzerstörung verursachten. Er legte eine Karte der Bewegungen des Affenkörpers an, die durch Stimulationen des sensorischen Systems hervorgerufen wurden.

Durch eine Psychoanalyse lernte er mehr über das eigene Gehirn. Ihm wurde die soziale Realität eines wissenschaftlichen Forschers klar: «Publiziere oder geh unter!» (engl. publish or perish.)

Seine Studien während der 40er- und frühen 50er-Jahren bestätigten die allgemein vorherrschende zwiespältige Meinung über das Verhältnis von Gehirn und Verstand. Er entwickelte neue Techniken zur Erforschung der engen Zusammenhänge zwischen dem Gehirn und dem darin gebundenen Verstand. In einer unbedeutenden Arbeit schlug er aufgrund der Erfahrungen in der Neurophysiologie neue Techniken vor.

Sein Grundgedanke war der folgende: Wenn man in ein Gehirn winzige Elektroden einführen könnte, dann wäre man in der Lage, die Gehirnströme zu messen, aufzuzeichnen und später durch die selben Elektroden zurückzuschicken, also ein Feedback zu erzeugen. Es schwebten ihm dabei zehntausend Elektroden vor. So könnte man das Verhalten eines Tieres aufzeichnen und später durch abspielen des Playbacks das Verhalten der beiden Situationen vergleichen. Seine Hypothese war, dass, falls der Verstand wirklich im Gehirn enthalten sei, das Verhalten unter Einfluss des Feedbacks mit dem während der Aufzeichnungen identisch sein müsse. Falls es anders ausfiele, wäre die Möglichkeit gegeben, dass der Verstand nicht im Gehirn zu lokalisieren sei.

Er stellte sich vor, diese Versuche auch an sich selber vorzunehmen, um auf diesem Wege mehr über seine inneren Erfahrungen zu lernen.

Robert: «Du willst also deine Gehirnaktivitäten von einem Apparat aufzeichnen und später wieder zurücküberspielen lassen. Ist das so korrekt?»

John: «Ja, ich stelle mir vor, dass zehntausend oder gar eine Million

Elektroden durch die Schädeldecke in mein eigenes Gehirn eingeführt und an eine angemessene Aufnahmeanlage angeschlossen werden.»

Robert: «Ist das zur Zeit technisch machbar?»

John: «Nein. All diese Methoden müssen erst noch ausgearbeitet werden, vor allem diese winzigen Elektroden, die ja nur minimalste Spuren hinterlassen dürfen.»

Robert: «Ich kann sehen, dass diese Versuche eine Reihe reizvoller wissenschaftlicher Fragen aufwerfen und klären könnten. Erstmals wäre man in der Lage, Zusammenhänge zwischen dem Bewusstsein eines Menschen, seiner Motivation und den Ursprüngen seiner Motivation innerhalb seiner Gehirnstruktur herzustellen. Die wissenschaftlichen und philosophischen Ergebnisse dieser Experimente wären sicherlich äusserst interessant. Es ist jedoch meine Aufgabe, die Hintergründe deiner Motivation für diese Forschung zu ergründen. Welche Gefahren bestehen bei diesen Versuchen?»

John: «Wenn es mir gelingt, die Elektroden und die damit verbundenen Löcher in meinem Schädel winzig klein halten zu können, ist die Gefahr ebenfalls recht klein.»

Robert: «Du gibst also zu, dass die heute zur Verfügung stehende Technik noch viel zu gefährlich für solche Versuche ist?»

John: «Ja, ich muss dieser Forschung einige Jahre widmen. Ich glaube, du bist nicht in der Lage, die wissenschaftlichen Auswirkungen solcher Versuche zu überschauen. Man könnte damit Fragen klären, die den Menschen und Denker seit Jahrhunderten beschäftigen. Wir wären erstmals befähigt, verschiedene Gebiete miteinander zu verbinden: die elektrischen Aktivitäten des Gehirns, die Kontrolle der Gehirnströme, gleichzeitig den subjektiven inneren Zustand des Betrachters und seine äusseren Handlungen, inklusive der Sprache. Wir hätten Antworten auf viele Fragen: Können elektrische Spannungen Gehirnaktivitäten kontrollieren? Können sie, behutsam verabreicht, ein Gehirn steuern? Oder gar den Verstand/Geist im Gehirn? Den Beobachter in diesem Gehirn?»

Robert: «Ich kann die wissenschaftliche Aufgabe, die du dir da gestellt hast, schon angemessen anerkennen. Du sagtest, dass du diesen Plan schon früh in deiner Laufbahn gefasst hättest. Meine Skepsis beruht vor allem darauf, dass du dies in Selbstversuchen ergründen willst. Mir scheint, als hättest du dir die Grundlagen deiner eigenen Motivation nicht recht vergegenwärtigt.»

John: «Meine Motive sind nicht selbstzerstörerischer oder masochistischer Art. Zumindest nicht bewusst.»

Robert: «Während deiner Analyse hast du erfahren, dass du durchaus ein selbstzerstörerisches Potential in dir trägst. Mir kommt es nun so vor, als ob du mit diesen zehntausend Elektroden im Gehirn die absolute Selbstzerstörung gewählt hast.»

John: «Das könnte sein. Wenn ich mir als Mensch die Gesellschaft anschaue, welche Gehirnstrukturen, Gehirnfunktionen und Verstandesfunktionen dort völlig ignoriert werden, dann kann die Selbstzerstörung schon zu einem Kriterium werden. Im Unterbewusstsein mag durchaus der Wunsch entstehen, mich aus dieser menschlichen Sphäre zu eliminieren. Aber ich kann genauso den Wunsch verspüren, ein Held zu sein. Ein Held geht Risiken ein. Letztlich mag sich auch ein Held selbst zerstören. Ein Held kann versagen und, zumindest in seinem Verständnis, zum Märtyrer werden.»

Robert: «Dein katholischer Hintergrund drängt den Gedanken auf, dass du dem Märtyrer Jesus Christus nacheiferst. Wir wissen aus der Analyse, dass du in frühen Jahren durchaus Priester werden, dich selbst zum Wohle der Menschheit opfern wolltest. Könnte das eine realistische Motivation deiner Forschung sein?»

John: «Es besteht eine Versuchung, zum öffentlichen Märtyrer zu werden. Sie ist aber so gefährlich wie unrealistisch. Märtyrer sind nicht mehr modern. Missionare haben kein Ansehen mehr in der Öffentlichkeit. Unsere heutigen Methoden sind subtiler. Man kontrolliert die Erziehungssysteme der kleinen Kinder und stopft sie mit Vorurteilen voll. So kann heute ein Grossteil der Realität grosser Bevölkerungsgruppen kontrolliert werden.»

Robert: «Du weisst, dass ich einen Grossteil meiner Zeit mit öffentlichen Angelegenheiten und Politik verbringe. Ich erwähne das nur, um dir die politischen und sozialen Aspekte deiner Forschung plausibel machen zu können. Denn diese Gebiete hast du während deiner Ausbildung und in deiner Forschung verdrängt. Du zeigst die Tendenz, politische Realitäten zu verdrängen und zu ignorieren. Was würden deine Wissenschaftskollegen zu deinen Plänen sagen, wenn du sie ihnen unterbreiten würdest?»

John: «Plötzlich habe ich das Gefühl, dass es für viele eine grosse Versuchung wäre. Eine Herausforderung. Ich würde zum ersten Menschen, der über die Beziehungen zwischen Gehirn und Verstand etwas herausgefunden hätte. Ich kann mich als Held sehen, der den Nobelpreis erhält. Ganz gleich, wie die Experimente ausgehen würden, ich ginge in die Geschichte ein.»

Robert: «Du kannst einige der kindischen Aspekte deines Vorhabens selber erkennen. Du wünschst dir Macht, du willst berühmt werden. Du hast einen exhibitionistischen Drang, dein Gehirn und deinen Verstand öffentlich zur Schau zu stellen. Dein Geheimnis erscheint mir wie eine Science Fiction-Geschichte.»

John: «Ich befürchte, dass weiteres Nachdenken über mein Tun und

Handeln in diese Richtung nur meine Forschung stoppen würde. Dann müsste ich etwas anderes tun. Deswegen möchte ich diese Analyse heute nicht weiterführen.»

Robert: «Wovor hast du Angst?»

John: «Ich habe Angst, dass meine Forschung nur von unausgegorenen Kindheitsträumen motiviert wird; durch meine Einsamkeit, meine Unfähigkeit zu lieben und mein im Grunde genommen unmenschliches Bewusstsein.»

Robert: «Du weisst, dass ich von dem, was du dir bewusst gemacht hast, nicht beunruhigt bin. Mehr Sorge bereitet mir da dein Unterbewusstsein. ‹Wo Es war, wird Ego sein.› Du weisst, wie Anna Freud und auch ich das Ego und seine Blockaden beschrieben haben. In dieser Analyse können wir nur die Grenzen zwischen deinem Bewusstsein und Unterbewusstsein aufarbeiten. Es ist für dich sehr wichtig, bald herauszufinden, wie wichtig dieses Projekt auf der allgemeinen Realitätsebene für dich und die Wissenschaft ist. Niemand ist frei von unbewussten Motivationen. Man kann sich jedoch immer mehr davon bewusst machen und entsprechend mit ihnen fertig werden.»

John: «Du hast mich wieder einmal davor bewahrt, zu impulsiv mit meinen unbewussten Motivationen umzugehen. Ich habe vor, dieses Programm weiter zu verfolgen. Ich werde die notwendigen Gerätschaften entwerfen und früher oder später an mir selber testen. Ich bin humanistisch erzogen worden. Darum versteht es sich von selbst, dass ich das Experiment zuallererst an mir selber ausführen muss, bevor ich mit andern Menschen arbeite. Dies ist eine Grundlage korrekter Forschung. Dr. Bazett, der von J.B.S. Haldane ausgebildet wurde, hat mir dies unzweideutig klar gemacht. Solange man nicht bereit ist, Versuche an sich selber auszuführen, darf man sie auch nicht bei anderen Menschen durchführen. Ich bin gegen Forscher, die ihre Patienten als Versuchskaninchen heranziehen, ohne diese Versuche am eigenen Körper getestet zu haben. Kein Arzt sollte einem Patienten irgendein Arzneimittel verschreiben, das er nicht selber ausprobiert hat. Kein Doktor sollte einem Patienten Elektroden im Kopf einsetzen, die er nicht am eigenen Gehirn erprobt hat.»

Robert: «Das sind ehrenwerte ethische Aussagen, aber Ärzte bekämpfen Krankheiten, die sie selber nicht haben. Meinst du, sie sollten sich mit all den Krankheitsviren selbst infizieren, wie es Walter Reed mit dem Gelbfieber gemacht hat?»

John: «Mich interessieren ansteckende Krankheiten nicht besonders. Ich rede von der Gehirnforschung. Da sollte man alle Gefahren kennen und alle möglichen Wirkungen und Gefühle der Elektrodeneinpflanzung selber erfahren haben.»

Robert: «Was ist mit Gehirntumoren? Würdest du dir einen einpflanzen, um ihn selber behandeln zu können?»

John: «Falls Tumore mein Interessengebiet wären, möchte ich dies nicht ausschliessen. Allerdings wäre ich nach dem Tumor nicht mehr die Person, die ich vorher war. Auf diesem Gebiet der Forschung ist es sehr schwer, wissenschaftlich objektiv zu bleiben. Das gilt vor allem für die Gehirnforschung, in der man sein eigenes Leben aufs Spiel setzt. Deswegen ist die Neurochirurgie ja auch eine empirische Kunst.

Man probiert alle neuen Methoden erst an Tieren aus. Erst wenn man dabei sichere Erfahrungswerte gewonnen hat, benutzt man das eigene Gehirn als Versuchsobjekt.»

Robert: «Gut. Spinnen wir diesen Faden etwas weiter. Stellen wir uns vor, es gelingt dir, die benötigten Apparate und Elektroden zu entwickeln. Gehen wir davon aus, dass dir dieses wissenschaftliche Wunder gelingt, obwohl es heute vom Stand der Technik aus noch undurchführbar ist. Was wären die Konsequenzen einer solchen Technik?»

John: «Wenn ich sie auf mich anwenden würde, hätte ich bald Antworten auf grundlegende Fragen. Werden die Gehirnaktivitäten vom Verstand reguliert? Oder gibt es etwas Grösseres als das Gehirn, das mein Bewusstsein steuert? Ist das Unterbewusstsein von den Gehirnaktivitäten abhängig? Sind wir auf bislang unbekannte Art und Weise mit einem grösseren Wesen verbunden? Ist das Gehirn ein undichter Behälter des Verstandes? Oder gar ein Adapter für universelles Bewusstsein?»

Robert: «Hast du dir schon einmal über die möglichen sozialen und politischen Auswirkungen deiner Pläne Gedanken gemacht? Stellen wir uns doch einmal den Einfluss auf die heutige Gesellschaft vor. Angenommen, dein Vorhaben gelingt. Unter wessen Aufsicht und Leitung wird das Verfahren angewendet? Gibt es eine Regierungsorganisation oder irgendjemanden, der solch ein Verfahren nicht für politische Zwecke missbrauchen würde?»

John: «Bislang habe ich noch keinerlei Organisation gefunden, die bereit wäre, in diese Arbeit zu investieren. Vom gegenwärtigen Standpunkt aus erscheint dieses Vorhaben zu fantastisch und unvorstellbar. Aber gehen wir doch davon aus, dass ich einen privaten Geldgeber finde. Aus offensichtlichen Gründen würde ich auf eine Unterstützung der Regierung verzichten, denn dort gibt es bestimmt Interessengruppen, die das Endprodukt missbrauchen würden. Auch bei grösseren Unternehmen wäre diese Gefahr gegeben. Ich fange an zu begreifen, was du meinst. Du willst sagen, dass es das Beste sei, eine solche Maschine weder zu erforschen, herzustellen, ja nicht einmal vorzuschlagen?»

Robert: «Diese Aussagen und Beurteilungen projizierst du jetzt auf mich. Es sind deine Schlussfolgerungen, nicht meine. Ich bin jedoch froh, dass du anfängst, dein Vorhaben auch auf der Ebene zeitgemässer menschlicher Evolution von Institutionen zu betrachten. Es mag durchaus sein, dass es in der heutigen Welt nicht möglich sein wird, dein Vorhaben durchzuführen.»

John: «Du hast mir wieder einmal einen Blickwinkel eröffnet, den ich vorher nicht berücksichtigt hatte. Ich habe das Gefühl, dich bald nicht mehr als Zuhörer meiner Gedanken zu brauchen. Ich habe dir mein grösstes Geheimnis offenbart. Du hast es geknackt und einige seiner Wurzeln, seiner Anwendungsmöglichkeiten und meiner Ambitionen freigelegt.»

Robert: «Bald wirst du ohne meine Hilfe auskommen. Ich hoffe jedoch, dass du auch danach weiterhin mit deinen Problemen zu mir kommen wirst.»

John: «Gut. Ich werde so frei sein. Erstaunlicherweise hege ich keinerlei negativen Gefühle gegen dich, obwohl du meine ‹geheime Mission› objektiv analysiert hast. Ganz im Gegenteil: ich habe einige neue positive Erkenntnisse und Gefühle für mein Vorhaben gewonnen. Ich bin froh, dass ich dieses Geheimnis nicht mehr allein für mich herumschleppen muss. Ich teile es nun mit dir und kann dadurch meine Programme in der Zukunft vielleicht realistischer durchführen.»

Bald nach dieser Sitzung beendete John seine Analyse mit Robert. Man war an einem Punkt angelangt, an dem keine neuen Erkenntnisse mehr zu erhoffen waren. Er zog nach Washington, um dort unter der Leitung von Dr. Seymor Kety am National Institute of Health (NIH) zu arbeiten. Sein alter Freund Kety eröffnete ihm sogar die Möglichkeit, an zwei Instituten gleichzeitig zu forschen: in einem am Gehirn (im National Institute of Neurological Diseases and Blindness, NINDB) und im andern Verstand/Geist (National Institute of Mental Health, NIMH). Ihm war klar, dass er beide Bereiche gleichzeitig erforschen musste, um beides miteinander kombinieren zu können. Er zog nach Bethesda und arbeitete an sicheren Methoden, die er an Tieren und danach an sich anwenden wollte. Er hoffte, dass die Grundlage seiner Arbeit nun realistischer war und er sein Ziel, das Gehirn und den Verstand bald aufzeichnen und kontrollieren zu können, bald erreichen würde.

9

Kontrolle des Gehirns und das versteckte Nachrichtensystem

Im Jahre 1953 zog John nach Bethesda. Mit sich führte er seine Apparatur, mit der er die Ströme an der Gehirnoberfläche aufzeichnen konnte. Nun arbeitete er an der Möglichkeit, auch die Ströme im Gehirn selber sichtbar zu machen.

Er hatte eine Möglichkeit gefunden, das Gehirn durch bestimmte elektrische Wellen zu stimulieren, ohne es zu beschädigen. Er hatte nachgewiesen, dass die bislang in der Neurochirurgie und Neurophysiologie verwendeten elektronischen Wellen Neuronen im Gehirn verletzten, wenn sie ungezielt eingesetzt wurden. Durch seine neue Wellenform gelang es, die schädlichen Spannungen unter Kontrolle zu bekommen. Seine Neuentdeckung nannte er «Balanced Bidirectional Pulse Pair». Mikroskopische Studien bewiesen seine Theorie.

Ein Affe bekam 610 Elektroden in seine Grosshirnrinde eingesetzt, ohne dass das Gehirn als solches beschädigt wurde. Es gelang John zu beweisen, dass das ganze Affengehirn sensorisch und motorisch agierte, ohne dass er den Affen betäuben musste. Jeder Teil des stimulierten Gehirnes ergab die analogen Muskelreflexe.

Nun erforschte John die tieferliegenden Gehirnstrukturen. Bisher musste man dazu recht grosse Teile der Gehirnmasse entfernen, die Elektroden einsetzen und die Wunde mit Plastik verschliessen. Seine Forschungen hatten ergeben, dass das Gehirn dadurch beschädigt wurde. Er wollte selbst das Entfernen der Schädeldecke unterlassen. So erfand er eine Methode, kleinste Stahlröhrchen, sogenannte «sleeve guides», in die Schädeldecke einzuführen, durch die dann die Elektroden so tief wie gewünscht eingelassen werden konnten. Diese Methode war relativ schmerzlos, man verspürte lediglich einen Stich am Schädel. So war er nun in der Lage, eine beliebige Anzahl von Elektroden an jeder gewünschten Stelle des Gehirnes einzupflanzen. Die dabei verursachten Löcher waren so klein, dass sie auch recht bald verheilten. Andererseits konnten diese sleeve guides auch für Monate und Jahre stecken bleiben.

Man fand heraus, dass so behandelte Affen absolut gesund blieben, ohne irgendwelche Infektionen oder Nachwirkungen zu zeigen. Da das Gehirn selber keine Schmerznerven hat, war auch die Tiefe der Elektrodeneinführung kein grosses Problem. Durch diese Methode fand man heraus, wie man in einem Affen Schmerz-, Furcht-, Angst- und Wutempfindungen stimulieren kann. Diese Systeme fand man etwa in der Gehirnmitte, nahe der Unterseite des Schädels. Drumherum gruppierten sich die Zentren für Empfindungen der Freude, sexueller Erregung und positiver Motivation. Die erste Gruppe nannte man «negative Verstärker», die zweite entsprechend «positive Verstärker» oder abgekürzt, negative oder positive Systeme.

Die Elektroden wurden millimeterweise eingeführt. Es wurde eine Technik entwickelt, die jeweiligen Reaktionen in negative und positive Systeme zu klassifizieren. Der behandelte Affe bekam zwei Schalter, die er an- oder abschalten konnte, je nachdem wie er die neue Stimulierung empfand. Der Affe fand jeweils bald heraus, ob er bei positiven Stimulierungen «an» oder bei negativen «ab» schalten sollte.

Die erarbeiteten Resultate waren beliebig wiederholbar, sowohl bei demselben Affen wie auch bei einem anderen. So war man erstmals in der Lage, eine Gehirnkarte mit sechshundert definierten Stellen aufzuzeichnen. Dabei kartografierte man nicht nur die positiven und negativen Zentren, sondern auch die Korrespondenz zwischen den einzelnen Zonen. So wurde die Neuroanatomie des Affengehirnes, inklusive der Schmerz- und Sexualzentren, grundlegend definiert.

Im männlichen Affen fand man separate Systeme für die Erektion, Ejakulation und den Orgasmus. Wenn man den Affen entsprechend stimulierte, hatte er einen Orgasmus, auch ohne vorhergehende Erektion und Ejakulation. Wenn man ihm selber Zugang zum Stimulationsschalter gab, an dem er sich alle drei Minuten einen Orgasmus verabreichen konnte, so tat er dies tatsächlich sechzehn Stunden lang. Dann schlief er acht Stunden, um danach in seinem drei-Minuten-Takt fortzufahren.

Falls man ihn nun alle drei Minuten negativ stimulierte und ihm die Möglichkeit des Abschaltens gab, machte er jedesmal davon Gebrauch. Wenn dieser Negativversuch zu lange durchgeführt wurde, erkrankte der

Affe zusehends, bis er zu schwach war, den Schalter zu bedienen. Gab man ihm dann die Möglichkeit zu positiver Stimulation, erholte er sich rasch.

Von diesen Experimenten wurden Filme gedreht und auf wissenschaftlichen Tagungen vorgeführt. Angehörige beider Institute, in denen John arbeitete, sahen diese Filme und zeigten grosses Interesse. Die Versuche wurden wissenschaftlichen Besuchern der Institute vorgeführt. Die Direktoren erhielten laufend Berichte und bald erfuhr auch die Regierung davon.

Eines Tages wurde John ans Telefon gerufen. Der Direktor des NIMH eröffnete ihm, dass er zu einem Treffen der versammelten Geheimdienste der Regierung der Vereinigten Staaten geladen sei. Anwesend seien das FBI, die CIA, die geheimen Nachrichtendienste der Luftwaffe, der Armee, der Marine, der Nationale Sicherheitsdienst und das Staatsdepartement. Man wollte sich gerne seine Versuche ansehen.

John: «Bob, das ist ein gefährliches Gebiet und ich habe keine Lust, an dieses Treffen zu gehen. Unter welchen Bedingungen soll es stattfinden?»

Der Direktor: «Du musst deine Bedingungen vor dem Treffen bekanntgeben. Ich weiss, dass du nicht gerne an solchen geheimen Angelegenheiten teilnimmst.»

John: «Es macht den Anschein, als ob man diese Forschung auch dazu benutzen könnte, positive und negative menschliche Motivationen zu kontrollieren und zu steuern. Ich möchte unter keinen Umständen, dass meine Vorführung der Geheimhaltung unterliegt.»

Der Direktor: «Obwohl du ein Mitglied des Commissioned Officers Corps bist, werde ich dir keinen Befehl zu einer geheimen Vorführung erteilen. Dr. Kety hat mir bestätigt, dass alle Arbeiten in seinem und deinem Labor eine Sache öffentlichen Interesses sind und nicht geheimgehalten werden. Ich stimme dem zu.»

John: «Dr. Antoine Rémond hat in Paris mit unserer Methode ohne die Hilfe von Neurochirurgen Menschenversuche durchgeführt. Das heisst, dass es jeder mit Hilfe der geeigneten Gerätschaften ausüben kann, ohne dass man es dem behandelten Menschen von aussen ansieht. Ich befürchte, dass die Geheimdienste eine vollkommene Kontrolle über Menschen erlangen und dessen Ansichten völlig verdrehen könnten, ohne dabei grosse Spuren zu hinterlassen.»

Der Direktor: «Wenn dem so ist, befürworte ich, dass der Vortrag öffentlich ist. Keine Geheimhaltung!»

John: «Im Zweiten Weltkrieg habe ich einiges über die Methoden der Geheimdienste und ihres Verhältnisses zu den Wissenschaften gelernt. Am liebsten würde ich diese Vorführung ablehnen.»

Der Direktor: «Das ist deine Sache. Durch angemessene Publizität lässt sich ein Missbrauch verhindern. Ein Vertreter der Gruppe wird Kontakt mit dir aufnehmen.»

Einige Tage später erhielt John einen Anruf eines ihm unbekannten Mannes. Er gab sich als Angehöriger der U.S.-Regierung aus: «Ihr Direktor gab mir zu verstehen, dass Sie unter bestimmten Umständen bereit wären, uns eine Vorführung Ihrer Forschung über Kontroll- und Motivationsstimulation des Gehirnes zu geben. Welches sind die Bedingungen?»

John: «Unter folgenden Bedingungen werde ich Mitgliedern der Geheimdienste Auskünfte über meine Forschung erteilen: Erstens: Kein Teil der Vorführung unterliegt der Geheimhaltung. Zweitens: Alles was ich sage ist öffentlich und kann von jedermann wiederverwendet werden. Drittens: Ich werde jederzeit über dieses Treffen schreiben dürfen, in der mir genehmen Form. Viertens: Alle Filme oder Unterlagen, die ich zeige, bleiben frei zugänglich. Ich habe sie schon vorgeführt, und werde dies bald wieder öffentlich tun.»

Am andern Ende der Leitung entstand eine lange Pause. Schliesslich teilte mir die Stimme mit, dass er seine Auftraggeber davon informieren würde. Er gäbe mir in zehn Tagen Bescheid.

Nach dieser Frist teilte er John mit, dass die Bedingungen akzeptiert seien.

Zum Vortrag erschienen etwa dreissig Personen, die Hälfte davon in verschiedensten Uniformen. Er wurde vorgestellt, erfuhr aber nicht einen Namen der Anwesenden.

Johns Präsentation dauerte etwa eine Stunde. Anschliessend entstand eine lange Pause. Ein Mann in einer blauen Uniform stellte schliesslich die einzige Frage: «Welche Anwendungen dieser Gehirnelektroden ist für den Menschen geplant?»

John: «Zur Zeit nur bei Epilepsie und der Parkinsonschen Krankheit.» Die Gründe für diese Frage waren offensichtlich. Diese Techniken könnten zur effektivsten Methode der Gehirnwäsche in der Geschichte der Menschheit missbraucht werden.

Zu dieser Zeit hatte John in Florida schon mit einem für ihn neuen Forschungsgebiet, nämlich den Gehirnen von Delphinen, angefangen. Diese Forschung sollte sein Leben grundlegend verändern.

Er erhielt den Anruf eines Mannes der Sandia Corporation aus New Mexico. «Ich möchte gerne lernen, wie man ihre sleeve guide-Technik bei grösseren Tieren anwendet. Ich würde gerne bei ihren nächsten Experimenten mit Delphinen einen Film drehen.»

John: «Mir ist bekannt, dass die Sandia Corporation an geheimen Projekten arbeitet. Ich werde ihnen diese Technik nur unter der Bedingung vorführen, dass weder der Film noch irgendetwas anderes, das ich ihnen zeige, der Geheimhaltung unterliegen wird.»

Der Sandia-Mann erschien bei Johns nächstem Floridaaufenthalt, filmte, und versprach, John eine Kopie des Filmes zukommen zu lassen. Er bestätigte, dass er keinerlei Geheimhaltung unterliegen würde.

Als ein paar Wochen vergangen waren, ohne dass eine Filmkopie eintraf, fragte John bei der Sandia Corporation nach. Dort musste er sich sagen lassen, dass der Film der absoluten Geheimhaltungsstufe unterläge.

John fuhr nach Washington und besprach den Fall mit einem Freund im Wissenschaftsbüro des Verteidigungsministeriums. Er erzählte ihm von der Abmachung mit der Sandia Corporation. Sein Freund rief bei der Sicherheitsabteilung der Sandia Corporation an und bat darum, dass der Film nach Washington geschickt und deklassifiziert würde.

Während seines Besuches hatte der Sandia-Mann nicht erwähnt, welcher Art die Anwendung der Elektroden bei Tieren sein würde. Er hatte nur angetönt, dass seine Arbeit der Geheimhaltung unterläge und er John nichts darüber sagen könne.

John hatte das National Institute of Health verlassen und suchte für sein neues Delphinprojekt auf den Virgin Islands einen Sponsor. Das Büro für Meeresforschung innerhalb des Verteidigungsministeriums lud ihn zu einem Vortrag über seine Delphinforschung ein. Er akzeptierte.

Als er seinen Vortrag beendet hatte, wurde er gebeten, noch zu bleiben, um sich den Vortrag eines Mannes der Sandia Corporation anzuhören. Es ginge dabei um die Möglichkeit, dass Tiere mit Hilfe von Gehirnelektroden Lasten über weite Strecken transportieren könnten. John erinnerte sich an den Namen des Mannes, es war derselbe, dem er die Methode der Gehirnelektroden gezeigt hatte.

Nachdem John im Publikum Platz genommen hatte, kam ein Sicherheitsbeamter herein und sprach mit einem der Gastgeber. Dieser bat John daraufhin, den Saal zu verlassen. Draussen wurde ihm eröffnet, dass es mit seiner Sicherheitsakte ein paar Probleme gäbe. «Ich kann Ihnen leider nicht erlauben, an dem Vortrag teilzunehmen.»

John war sowohl erbost wie auch verängstigt. «Was soll das?»

«Ich weiss es nicht, aber Sie dürfen den Raum nicht wieder betreten.»

John ging sofort zu seinem Freund im Verteidigungsministerium und bat ihn herauszufinden, was da vorginge.

Dieser tätigte mehrere Anrufe und sagte schliesslich zu John: «Alles was ich erfahren kann, ist, dass es Probleme mit deiner Sicherheitsakte gibt und das FBI seine Finger im Spiel hat. Ich wäre dir sehr dankbar, wenn du bei eventuellen Nachforschungen meinen Namen nicht nennen würdest.»

Johns Vater hatte einen Freund im Finanzministerium, der ihn wiederum an J. Edgar Hoover vermittelte. Dieser verwies ihn an einen Assistenten, Richard Krant. Krant wollte sofort den Namen von Johns Informanten wissen. Als er diesen verweigerte, versprach Krant, ihn wieder zu kontaktieren.

Am nächsten Morgen bekam John Besuch von zwei bulligen FBI-Agenten. Sie setzten sich rechts und links von ihm hin und befragten ihn mit bedrohlichen Stimmen nach seinem Informanten.

John: «Wollen Sie sagen, dass Sie sich mehr um den guten Ruf des FBI kümmern als um die Probleme irrtümlicher Anschuldigungen gegen rechtschaffene Bürger. Wieso bin ich ein Sicherheitsrisiko?»

Sie antworteten: «Wir sollen den Namen Ihres Freundes rausbekommen und Ihnen ansonsten keinerlei Informationen geben.»

John verlor seine Geduld: «Ruft sofort euern Krant an, als R-Gespräch bitteschön!» Einer der Agenten wählte und John schrie Krant durchs Telefon an: «Ich kann Ihnen den Namen nur sagen, wenn mein Freund mich von meiner Schweigepflicht entbindet. Und jetzt erlösen Sie mich gefälligst von den beiden Bullen!»

Einer der Agenten sprach mit Krant und sie verliessen verärgert das Haus. John rief seinen Mann im Finanzministerium an und schilderte ihm den Vorfall.

Nach drei Wochen erhielt er den Anruf eines in Florida lebenden Agenten des Verteidigungsministeriums, der ihn um einen Besuch «in Sicherheitsfragen» bat.

Der Agent eröffnete ihm: «Der Verwaltung ist mit Ihrer Sicherheitsakte ein bedauerlicher Fehler unterlaufen. Man hat Sie irrtümlicherweise mit einem Kriminellen gleichen Namens verwechselt. Was können wir tun, um diesen Fehler wieder gutzumachen?»

John: «Ich hätte gerne einen Entschuldigungsbrief des Verteidigungsministeriums, aus dem klar hervorgeht, dass ich kein Sicherheitsproblem darstelle und nie dargestellt habe. Es muss dabei klar gemacht werden, dass es sich bei den Anschuldigungen um einen Fehler des Sicherheitsbüros im Verteidigungsministerium gehandelt hat. Kopien dieses Briefes sollen an alle Geheimdienste, wie der CIA, dem FBI usw. geschickt werden.»

Er sagte: «Es tut mir leid, wir können aber nicht zugeben, dass es unser Fehler war. Sie können wohl einen Entschuldigungsbrief haben, aber kein Eingeständnis unserer Schuld.»

Der Brief kam eine Woche später, sehr diplomatisch, aber ohne Schuldgeständnis. Er wurde sogar allen Geheimdiensten zugänglich gemacht.

Später konnte man dann in *Harper's Magazine* lesen, dass es sich bei dem Vortrag in der Tat um denselben Mann gehandelt hatte, der bei John in die Lehre gegangen war. Auf der Konferenz hatte er einen Film gezeigt, in dem ein mit Elektroden gespicktes Maultier schwierigste Bergstrecken zurücklegte. Es wurde dabei von einem Kompass «geführt». So behielt das Maultier die vorgegebene Richtung exakt bei. Jede Abweichung vom Kurs löste einen negativen Impuls aus, Gradlinigkeit wurde mit positiven Impulsen belohnt. Über Funk konnte es in jede gewünschte Richtung gesteuert werden.

Die Hauptbeschäftigung der Sandia Corporation lag in der Entwicklung kleiner Atomwaffen und so war es plausibel, dass sie nach einem Weg suchten, diese unter Umgehung von Radar und anderen Metalldetektoren zu befördern. Bis man ein Gegenmittel gegen diese neue Art des Transportes gefunden hatte, konnten sie zusätzlich noch den Überraschungsmoment als effektiven Wert ihrer Strategie verbuchen.

Ähnliche Techniken konnten nun genauso beim Menschen angewendet werden, sei es, um seine Anschauungen zu verändern oder ihn über eine gewisse Entfernung zu steuern.

Als er hierüber nachdachte, wurde John klar, dass ihn Robert während der Analyse auf diese Möglichkeiten aufmerksam gemacht hatte. Sobald seine Forschung allererste Ergebnisse zeigte und dem Ziel noch weit entfernt war, wurde sie von den Geheimdiensten und grossen Wirtschaftsunternehmen aufgesaugt. Das machte ihm klar, dass es die soziale Realität zum gegenwärtigen Zeitpunkt ihm unmöglich machte, seine «geheime Mission» auszuführen. Er sah, dass sein Ziel, falls er es erreichen sollte, sofort vom Menschen gegen den Menschen eingesetzt würde. So entschloss er sich, den Gebrauch dieser Methode und ihre Weiterentwicklung vorerst einzustellen. Er fühlte, dass die Menschheit für diese Art der Macht noch nicht reif genug war. Endlich begriff er die politischen Implikationen seines Lieblingsforschungsprojektes. Er hörte auf, mit Hilfe von Elektroden die Beziehungen zwischen Gehirn und Geist/Verstand zu ergründen. Er wandte sich anderen Gebieten zu. Er konzentrierte sich in der Folgezeit auf die Kommunikation mit Delphinen, aber ohne neurophysiologische Mittel. Ausserdem erforschte er die Auswirkungen der Isolation in einem Schwebetank.

10

Wie man den Verstand und das Gehirn isoliert

Während die neurophysiologische Erforschung des Gehirnes gute Fortschritte machte, kam der Wissenschaftler bei der Interpretation der Gehirnaktionen zu einer Zwiespalt. Es gab zwei herkömmliche Ansichten über die Entstehung bewusster Aktivitäten im Gehirn.

Die erste Variante geht davon aus, dass das Gehirn Stimulation von ausserhalb benötigt, um seine bewussten Ebenen zu aktivieren. Demnach bedeutet «Schlaf», dass das Gehirn von äusseren Einflüssen befreit ist. Wenn man sich also nachts in die Ruhe und Dunkelheit des Schlafzimmers zurückzog, schaltete das Gehirn automatisch auf «Schlaf», da es von den alltäglichen Anforderungen der Umwelt befreit war.

Die zweite Variante besagt, dass die Gehirnaktivitäten untrennbar autorhythmisch seien. In anderen Worten: innerhalb der Gehirnsubstanz gäbe es Zellen, die auch ohne äussere Reize schwingen würden. Dieser Interpretation nach lag der Ursprung des Bewusstseins im natürlichen Rhythmus des Gehirnzellenkreislaufes selber.

Der Wissenschaftler studierte die Literatur und sprach mit Verfechtern beider Denkmodelle. Daraufhin entschloss er sich, die beiden Hypothesen experimentell zu testen.

Er verschaffte sich einen Überblick aller bekannter Fakten zu den Themen: Schlaf, Betäubung, Koma, Unfallverletzungen und allen anderen Zuständen, in denen das menschliche Bewusstsein still zu stehen scheint.

Er untersuchte die physikalischen und biophysikalischen Auswirkungen der Reizungen des Körpers. Er durchdachte alle bekannten Thesen zum Thema Körperreize: über die Lichteinwirkungen auf das Auge, den Klangeinwirkungen auf das Ohr, Berührungen und Druck auf die Haut und tiefer liegende Organe des Körpers. Er bezog die Schwerkraft in seine Gedanken mit ein, wie auch die vorgegebene Körperhaltung und die Bewegungen. Er berücksichtigte die unterschiedlichen Temperaturen, die Kleidung und die Auswirkungen von Kälte und Wärme.

Ihm wurde klar, dass er all diese Körperreizungen auf ein Minimum zurückdrängen musste. Er erkannte die Rückkopplungsbeziehungen zwischen den Körperbewegungen und den körpereigenen Selbstreizungen, das Feedback von Muskeln, Gelenken, Knochen und der Haut.

Dann folgten Gedanken, wie man den Körper von all den bekannten physikalischen Reizungen schützen könne: Klang und Licht durch existierende schalldichte Räume; Bewegungen des Körpers durch eine freiwillige Lage in der Horizontalen. Ein herkömmliches Schlafzimmer entsprach den Kriterien schon weitgehend.

Die verbleibenden Reizquellen waren dagegen schon schwerer auszuschalten. Der durch die Schwerkraft bewirkte Druck auf das Bett verursachte im Körper bestimmte Blutstaus. Das reizt den Körper wiederum, seine Lage zu verändern, um für eine ausgeglichene Durchblutung zu sorgen.

Eine weitere Schwierigkeit war die Eliminierung der temperaturbedingten Reize. Wenn man in einem ruhigen, dunklen Raum liegt, werden Körperteile der Luft ausgesetzt, die eine Konvektion verspüren. Ausserdem ergeben sich automatisch Temperaturunterschiede zwischen den Körperteilen, die der Luft ausgesetzt sind und jenen, die auf dem Bett liegen. So galt es, auch die Berührungen des Körpers mit Kleidung und Unterlage auszuschalten.

Nach langen und sorgfältigen Abwägungen all dieser Reizeinwirkungen kam dem Wissenschaftler der Gedanke, diese mit Hilfe von Wasser, das einen trägt, zu überwinden. Wasser hat den grossen Vorteil, den Körper zu tragen, ohne ihn sonderlich zu reizen, solange das Wasser sich nicht bewegt. Wenn man die Wassertemperatur nun so reguliert, dass es die Abgabe von Körper- und Gehirntemperatur auffängt, wäre auch dieses Problem gelöst.

Der Wissenschaftler stellte sich einen Tank vor, in dem der Körper vom Wasser getragen wird, und das die richtige Temperatur hat. Dieser Tank kann schalldicht und absolut dunkel sein. Er fertigte ein paar Skizzen an, wie der benötigte Tank in etwa auszusehen habe. Im Gespräch mit Kollegen vom NIH erkannte er, dass ihm seine Forschung im Zweiten Weltkrieg um das Problem von Schweissaussonderungen und der Frischluftzufuhr wertvolle Anregungen gab. Der Mensch würde im Tank eine Atemmaske brauchen, die auf den Kopf und das Gesicht möglichst keine Reize ausüben durfte. Er bekam den Tip, Dr. Heinz Specht zu kontaktieren. Sie trafen sich zum Essen. Dr. Specht sagte: «Zufällig haben wir eine brauchbare Anlage in unserem Institut, die wir nicht benötigen.»

Nachmittags gingen sie zu einem kleinen Gebäude. Man musste durch zwei schalldichte Türen, bevor man in den Raum mit dem Tank gelangte. Dort hatte man zu Kriegszeiten Stoffwechselexperimente mit Tauchern durchgeführt. Von Tierversuchen war noch eine Sauerstoffanlage im Raum, der früher als Druckluftkammer benutzt worden war.

Zu diesem Zeitpunkt merkte der Wissenschaftler, dass ihn etwas Grösseres ausserhalb seines Selbst leitete. Später würde er diese Kraft «Zufallskontrolle» nennen. Ein Herzstück der von ihm benötigten Anlage war schon gebaut und stand ihm in idealer Lage zur Verfügung.

So wurde es ihm ermöglicht, sich weitergehende Gedanken zur Isolation zu machen, ohne grössere Wege zurücklegen zu müssen, da Dr. Spechts Institut in unmittelbarer Nähe seines Labors war. Auch die höheren Instanzen der Verwaltung erhoben keinen Einspruch, und so gab es für seine Forschung keine Begrenzungen. Zwei Jahre brauchte er auch keine Rücksicht auf die Stimmungen im wissenschaftlichen Lager zu nehmen. In der Zeit gelang es ihm, die Methodik entscheidend zu verbessern, und er erzielte unerwartete Ergebnisse.

Da der Wissenschaftler als Offizier im Gesundheitsdienst tätig war, standen ihm die Anlagen Tag und Nacht durchgehend zur Verfügung; und das sieben Tage in der Woche. Es war ihm klar, dass er diese Forschung allein durchführen musste, um nicht wieder von den sozialen und politischen Realitäten beeinflusst zu werden. Selbst die kürzesten Zeiträume in dieser Abgeschiedenheit bedeuteten Freiheit von all diesen äusseren Einflüssen und von den Auseinandersetzungen mit dem Personal.

Für die Isolationsarbeit verschwand er jeweils für ein bis zwei Stunden aus dem geschäftigen Labor, in dem die neurophysikalische Forschung betrieben wurde. Manchmal verliess er auch nachts einfach zwei Stunden sein Haus, ohne zu sagen, was er vorhatte.

Das erste Jahr dieser Forschung verbrachte er vor allem mit der Entwicklung einer geeigneten Atemmaske. Er testete alle Unterwassermasken der Marine. Das grösste Problem waren die Schweissabsonderungen.

Er fand heraus, dass alle existierenden Masken nach spätestens dreissig Minuten aufs Gesicht drückten und ungewollte Reize und Schmerz verursachten. Der Wissenschaftler entwarf eine Maske aus Latex, die den ganzen Kopf bedeckte. In den ersten Prototypen gab es keine Augenöffnungen. Sie waren dem Kopf und Gesicht des Wissenschaftlers exakt angepasst, ohne unangenehmen Druck auszuüben.

Das Wasser im Tank kam aus der Leitung und die Temperatur wurde durch ein Hilfsmittel aus einer Fotografendunkelkammer auf etwa 34,5 Grad Celsius gehalten. Er bemerkte, dass seine Arme und Beine unter Wasser sanken. Sie wurden von einer Gummiaufhängung, die nur minimalen Druck ausübte, gehalten. Die Entwicklung dieser Anlage nahm etwa sechs Monate in Anspruch. Etwa gegen Ende des Jahres 1954 konnten in dieser Anlage die ersten nennenswerten Versuche durchgeführt werden.

Der Wissenschaftler, dem es gelungen war, alle Formen von Reizungen auf ein Minimum zu verringern, verschwand nun mehrere Stunden täglich in der Dunkelheit, Ruhe und Nässe.

Schon nach einigen Stunden in seinem Tank wurde ihm klar, welche der beiden Theorien stimmte: nämlich jene, die besagte, dass sich das Gehirn selbst motivieren kann. Das Bewusstsein blieb intakt, ohne auf äussere Einflüsse angewiesen zu sein.

Der Wissenschaftler machte seine zweite Entdeckung: diese Apparatur verhalf ihm zu bislang unerreichter Entspannung. Sie eignete sich viel besser als jedes Bett, um sich vom täglichen Stress zu lösen. Er fand heraus, dass zwei Stunden im Tank etwa dem Erholungswert von acht Stunden Schlaf im Bett entsprachen, wobei diese beiden Stunden nicht einmal schlafend verbracht werden mussten. Er entdeckte, dass es zwischen dem normalen wachen Bewusstsein und dem unbewussten Zustand des Schlafes viele verschiedene Bewusstseinszustände gab. Er fand heraus, dass er diese mannigfaltigen Zustände kontrollieren konnte. Er war in der Lage, auf Wunsch Tagträume und Halluzinationen abzurufen, er konnte Ereignisse der inneren Realität in Gang setzen, die von einer solchen Brillanz und «Wahrhaftigkeit» waren, dass man sie ohne Schwierigkeiten mit Ereignissen der Aussenwelt verwechseln konnte. In dieser einmaligen Umgebung, die ihn gänzlich von den üblichen Umwelteinflüssen befreite, entdeckte er Funktionen seines Verstandes und zentralen Nervensystems, die er selber noch nicht so recht einordnen konnte.

Etwas verängstigte ihn die Tankerfahrung allerdings. Er realisierte Eindrücke, die entweder seiner Einbildungskraft entsprangen oder von bislang unbekannten Quellen in seinem Gehirn programmiert wurden. Er erlebte Erscheinungen von Personen, die weit von seinem Aufenthaltsort entfernt waren. Er hatte Begegnungen mit fremden, unbekannten Wesen, von deren Existenz er vorher keine Ahnung gehabt hatte. Zu jener Zeit war es seine tiefe Überzeugung, dass der Verstand im Gehirn sitzt, und dass diese Erscheinungen keinesfalls von draussen mit ihm im Tank kommunizierten. Andererseits boten die Erfahrungen seiner bisherigen wissenschaftlichen Arbeit keinerlei Erklärung für diese Vorkommnisse dar.

Er redete mit seinen Kollegen am Psychiatrischen Institut nur sehr vorsichtig über seine Arbeit. Seine Ängste erwähnte er ihnen gegenüber überhaupt nicht. Er betonte die tiefe Entspannung und die Vorteile, die die Tankbenutzung ihm brachten. Zwei psychiatrische Forscher entschlossen sich, den Tank auszuprobieren.

Der erste ging für etwa zwei Stunden hinein, kam wieder heraus und hatte nichts zu berichten. Er wiederholte diese Erfahrung nicht noch einmal.

Der zweite führte eine Reihe von Experimenten an sich aus und wurde ein hyperenthusiastischer Freund dieser Methode. Er verliess das NIMH und schaffte sich einen eigenen Tank an.

Der Direktor bat John um einen schriftlichen Bericht für eine bevorstehende wissenschaftliche Konferenz der American Psychiatric Association. Zu diesem Zeitpunkt hatte der Wissenschaftler gerade begonnen, sich alle verfügbare Literatur zu den Themen Isolation, Abgeschlossenheit und Einsamkeit zusammenzustellen. Er las alles – von einhändigen Segelfahrten über den Atlantik, von der Abgeschiedenheit in der Polarnacht bis hin zu Berichten von Kriegsgefangenen und Gefängnisinsassen.

Es wurde ihm klar, dass man diese Fälle der Isolation nicht mit der Isolation im Tank vergleichen konnte.

Er formulierte seinen Report über die Tankerlebnisse sehr vorsichtig. Es war ihm klar, dass seine Kollegen ernsthaft an seinem Verstand zweifeln würden, falls er die ganze Wahrheit seiner Erfahrungen niederschriebe.

Im Tank verbrachte er viele Stunden mit Selbstanalysen. Dies war eine Fortsetzung der Psychoanalyse mit Robert Waelder. Die Tankerfahrung vermittelte ihm Zugang zu körperlichen Freuden, die er nur schwerlich in sein «calvinistisches Bewusstsein» (ein Ausdruck von Robert), integrieren konnte. Die Aufarbeitung seiner Schwierigkeiten im sexuellen Ausdruck und seiner sexuellen Beziehungen nahmen einige Zeit in Anspruch. Der ruhende Körper sammelte soviel positive Energie, die so ausgeprägt sexuell empfunden wurde, dass er es fast nicht mehr ertragen konnte. Er erkannte, dass dieser Sexualtrieb von innen kam. Parallelstudien in der Neurophysiologie offenbarten ihm, dass die Quellen seiner sexuellen Energie innerhalb seines zentralen Nervensystems entsprangen. So erkannte er ebenfalls die Ursprünge der negativen Energien wie Angst, Schmerz und Schuld, die ihren Ursprung ebenfalls in seinem eigenen Gehirn hatten. Diese Entdeckungen überschnitten sich mit denen, die er früher bei Affen gemacht hatte.

Durch seine Tankerfahrungen erkannte er, dass die Grosshirnrinde des menschlichen Gehirns so gross ist, dass sie alle positiven, sexuellen, liebenden Energien, wie auch die negativen, strafenden Energien unterdrücken und verdrängen kann. Er entdeckte, dass man durchaus nicht notgedrungen ein Opfer der niederen, negativen Systeme sein muss, sondern dass es die Möglichkeiten der Sublimierung und Kontrolle gibt. Durch seine Erfahrungen und Laborergebnisse kam er zum Schluss, dass die riesige Grosshirnrinde des Menschen in der Lage ist, diesen primitiven Energien viele alternative Möglichkeiten des Einsatzes zu bieten.

Im Gespräch mit seinen Kollegen bemerkte er ein grosses Interesse, den Tank für andere Zwecke als nur die der Selbstanalyse und Selbsterfahrung zu nutzen. Ein Grossteil der psychiatrischen Forschungsabteilung arbeitete zu dieser Zeit an Erfahrungen mit Lysergsäurediäthylamid (LSD-25). Seine Kollegen schlugen ihm vor, im Tank LSD zu nehmen. Er lehnte dies ab, da er die physiologische und psychologische Grundlagenforschung ohne Drogeneinwirkung erstellen wollte. Zu jenem Zeitpunkt verschwendete er nicht einen Augenblick an den Gedanken, LSD im Tank zu nehmen. Er wollte seine Ergebnisse nicht, wie er es formulierte, «mit Ergebnissen der Drogenforschung vergiften». Wegen seiner Kollegen blieb er jedoch mit der LSD-Forschung in Kontakt, und er besuchte viele Seminare zu diesem Thema.

Er war mit der grundsätzlichen Anschauung in der psychiatrischen Forschung unzufrieden. Er fühlte, dass sie keine wahre wissenschaftliche Grundlage hatte, sondern allzusehr durch statische Anschauungen über die Psychologie, Psychiatrie und Psychoanalyse eingeschränkt wurde. Durch eigene Analysen hatte er herausgefunden, dass diese Massstäbe zur Beurteilung des isolierten Verstandes allein nicht ausreichten.

Im Tank geschah viel mehr, als es aufgrund dieser Theorien angenommen werden konnte. Die Berufsgruppe der Psychiater war weit davon entfernt, das volle Potential von Gehirn und Geist/Verstand zu nutzen. Ihre Vorstellungen waren zu eng, einengend und abgeschlossen. Auch die Beurteilung der Wirkung von LSD auf den Menschen wurde zu eng gesehen. Man unterstellte dieser Droge, dass sie Psychosen bei offensichtlich normalen Menschen herbeiführte. Jeder Mensch trage potentielle Psychosen in sich, die durch LSD oder Stress zum Ausbruch kommen konnten. Mit andern Worten: Selbstkontrollierte Zustände waren unmöglich, wenn die «Psychose» erst einmal durchgebrochen war. In dieser Umgebung der Ignoranz wurde der Wissenschaftler sehr vorsichtig mit seinen Äusserungen über seine Tankarbeit. Erst als er das NIH verlassen und sein eigenes Institut auf den Virgin Islands gegründet hatte, war er gewillt, diese tiefen Quellen des menschlichen Verstandes, die er entdeckt hatte, weiter zu erforschen.

Neben seiner Tankforschung und der Arbeit mit Affengehirnen erforschte er Tiergehirne, die so gross oder gar grösser als das menschliche Gehirn sind. Er wollte herausfinden, ob es bei anderen Tieren ähnliche Mechanismen wie bei den Affen gäbe.

Bei einem Kongress von Physiologen über Tiere mit grösseren Gehirnen wurden Delphine erwähnt. Ein Jahr nach Beginn seiner Tankversuche entschloss er sich, dem nachzugehen. Er fand heraus, dass in Florida Delphine zu Forschungszwecken zur Verfügung standen.

Er fuhr mit Kollegen nach Florida, um die Forschungsmöglichkeiten mit Delphinen zu erkunden. Später fuhr er dann allein nach Florida und führte entscheidende Versuche mit Elektroden und Delphingehirnen durch. Er fand heraus, dass diese mit Hilfe ihrer riesigen Grosshirnrinde in der Lage waren, ihre eigenen primitiven Energiesysteme selber zu regeln und zu kontrollieren.

Ein negativ stimulierter Delphin drückte keine Wut aus, sondern schüttelte sich und versuchte, diese Reize zu verarbeiten, ohne in Panik zu geraten. Die Affen waren dabei in Panik geraten, die Delphine nicht. Er fand heraus, dass sie ihre positiven Systeme selber sehr scharfsinnig stimulieren können. Dazu können sie ihre Stimmen einsetzen. Der Delphin und der Mensch haben dadurch Möglichkeiten, die der Affe nicht besitzt. Affengehirne sind einfach nicht gross genug, ihr Gehirn reicht nicht aus, um die unteren Systeme zu kontrollieren.

Der Wissenschaftler erkannte, dass der Tank zumindest für ihn eine fruchtbare Quelle neuer Ideen, neuer Erfahrungen und der Erkenntnis neuer Zusammenhänge war. Er brachte alte Erinnerungen und Erfahrungen zum Vorschein, die er durch die vorherrschenden Modelle des menschlichen Gehirns und des menschlichen Verstandes nicht erklären konnte.

Auch der Gedanke der Delphinforschung entstand im Tank, dort lotete er Tiefen des menschlichen Geistes aus, die durch die Methoden der herkömmlichen Forschung unerklärbar waren. Er erfuhr bislang unbekannte Quellen der Inspiration, die er durch seine Tankerfahrungen voll ausschöpfen konnte. Obwohl es ihm zu jener Zeit nicht klar war, schaffte er die Grundlagen seines erweiterten Bewusstseins. Es überkamen ihn Bewusstseinszustände, die er noch nicht in seine Persönlichkeit einfliessen lassen konnte, und deren ganze Kraft er noch nicht aufzunehmen in der Lage war. Während er noch am NIH am Tank arbeitete, wurde er wieder zum Politikum. Sobald der Regierung seine Tankarbeit bekannt wurde, bekam er Anrufe verschiedener Leute, die mehr darüber in Erfahrung bringen wollten. Darunter befanden sich auch Forscher, die an neuen Methoden der Gehirnwäsche von Kriegsgefangenen arbeiteten. Er wurde gefragt, ob man dazu den Tank verwenden könne.

John stellte sich Situationen vor, in denen der Tank unter Zwang eingesetzt wurde. Bei sorgfältiger Kontrolle der Reize isolierter Menschen war es durchaus möglich, deren Grundanschauungen in die von der kontrollierenden Person gewünschte Richtung zu verändern.

John schreckte vor diesen Konsequenzen der Isolationstechnik zurück. Seine Erfahrungen hatten ihm klar gemacht, dass man solche Techniken durchaus missbrauchen kann. Diese Möglichkeiten künftiger Forschung überzeugten ihn, nicht länger innerhalb offizieller Institute als Agent der Regierung arbeiten zu können.

11

Konferenz der drei Wächter

An einem Tag im Jahre 1958 betrat John zum letzten Mal den Tankraum des NIH und verschwand im Tank. Er hatte erkannt, dass es ihm unmöglich war, seine Forschungen unter der Aufsicht der Regierung zu betreiben. Sein Vorgesetzter am NIH übte zunehmend sanften Druck aus, um immer mehr Kontrolle über die Forschung im Isolationstank zu bekommen. Auch im anderen Institut wollten die Verantwortlichen immer mehr über seine Arbeit mit dem Gehirn wissen. In dieser Tanksitzung wollte er nun die Ergebnisse seiner Forschung der letzten fünf Jahre über das Gehirn und den Geist/Verstand zusammenfassen.

Er durchlief die inzwischen üblichen Anfangsstadien. Er entspannte im Wasser schwebend erst einmal alle Muskeln und dann seinen Verstand, indem er alle Erinnerungen an den täglichen Stress ausschaltete. Ziemlich rasch erreichte er einen neuen Raum, ein neues Gebiet.

Er liess seinen menschlichen Körper zurück. Er liess seinen menschlichen Geist zurück. Er wurde zu einem Bewusstseinspunkt in einem lichterfüllten, leeren, unendlichen Raum.

Aus der Entfernung näherten sich zwei Wesen. Der direkte Gedankenaustausch erfolgte zeitgleich auf drei Schienen. Jede Meinung, jedes Gefühl wurde direkt und ohne Worte ausgetauscht.

Später war er dann in der Lage, dieses Erlebnis so niederzuschreiben, als ob man Worte benutzt hätte, als habe man Englisch miteinander geredet, und als ob er zum dritten Wesen geworden sei.

Diese Konferenz der drei Wächter fand in einem Raum ohne Dimensionen, einer raumlosen Ansammlung von Dimensionen irgendwo in der Nähe des dritten Planeten eines kleinen Sonnensystems statt. Die Organisation, die von ihnen repräsentiert wurde, nannte er später das *Irdische Zufallskontrollbüro* (IZKB).

Der erste Wächter spricht: «Wir treffen uns an dieser bestimmten Raum/Zeitkoordinate, um die Evolution eines Trägers zu überschauen, den wir auf dem Planeten Erde kontrollieren.

Er hat eine weitere Entwicklungsstufe seines Trainings erreicht. Wir müssen nun prüfen, was er geschafft hat, was er denkt und welches seine Motive sind. Wir müssen seine künftigen Aufgaben, die er innerhalb der für Menschen des Planeten Erde zumutbaren evolutionären Geschwindigkeit übernehmen kann, festlegen.»

Zweiter Wächter: «Wir haben die Zufallskoordinaten dieses irdischen Agenten kontrolliert. Ich denke, dass es wichtig ist, dies dem dritten Wächter, der für diesen menschlichen Agenten verantwortlich ist, klarzumachen. Es ist wichtig, dass er nicht die zur Zeit zulässige Begrenzung der Evolutionsgeschwindigkeit überschreitet. Wir haben erkannt, dass die Evolution des Menschen sehr unterschiedliche Fortschritte macht. Auf einigen Gebieten treibt sie rasch vorwärts und auf anderen bleibt sie zurück. Der Grund dieser Konferenz ist es, dass wir drei Wächter uns vergewissern, dass wir unseren Agenten innerhalb der klar definierten Beschränkungen kontrollieren können, um solche Katastrophen zu verhindern, die andere unserer Agenten auf jenem Planeten erlitten haben. Lasst uns nun den Report des für den Agenten zuständigen Wächters anhören.»

Dritter Wächter: «Zur Zeit ist mein Agent in einer verzwickten Lage. Diese Konferenz wurde notwendig, damit ich erfahre, in welche Richtung er nun gehen soll. Der von ihm benutzte Körper befindet sich jetzt in einem Zustand tiefster Trance und er ist gewillt, uns die Quelle seiner Schwierigkeiten mitzuteilen.

Wie ihr beide wisst, lebt er unter einer sorgfältig entwickelten Tarnung, in die er eine Menge Zeit, Aufwand und Training investiert hat. Uns ist bekannt, welche mühsamen Schritte er in dieser menschlichen Form unternommen hat. Viele Male verlor er den Kontakt zu mir, häufig hat er sein Wissen um mich unterdrückt und musste deshalb durch sein Unterbewusstsein geleitet werden. Manchmal wurde sein Wissen über mich zu gross, so dass ich es unterdrücken musste, damit er weiterhin in seiner Gesellschaft als vollwertiger Mensch akzeptiert werden konnte. Zeitweilig war es seine grösste Sorge, aufgrund seiner verschiedenen Unternehmungen von seinen Mitmenschen zur persona non grata erklärt zu werden.

Er durchlief einen Prozess, der von den Menschen Psychoanalyse genannt wird. Das ist für uns eine Übung, die die Menschen dahingehend erzieht, dass sie menschlich und gleichzeitig so unabhängig von jenem Zustand bleiben, dass sie unserer Existenz gewahr werden. Es hilft ihnen, ihre eigene Tarnung so zu entwickeln, dass sie unsere Existenz und Einflüsse nicht preisgeben werden. Die Psychoanalyse erlaubt ihnen, ihre Vergangenheit aufzuarbeiten und sie im gegenwärtigen Zusammenhang der menschlichen Gesellschaft zu verstehen.

Auf dem Gebiet des Selbstbewusstseins, seines Bewusstseins von mir, seines tiefen Selbst, ist unser Agent kurz davor, uns und unsern Einfluss auf ihn zu erkennen.

In seiner Gehirnforschung hat er die unterschiedlichen Aufgaben des Kleinhirns oder Grosshirns erkannt. Es ist ihm klar geworden, dass eine solche Erforschung von Gehirn und Geist/Verstand nur in einer von ihm selbst kontrollierten Institution weitergeführt werden kann. Er hat eingesehen, dass die menschliche Gesellschaft versucht, durch bestimmte Eingriffe eine solche Forschung unmöglich zu machen. Er hat erkannt, dass es sehr schwer ist, sowohl im Labor zu arbeiten wie auch gleichzeitig den Tank zu erforschen. Er hat begriffen, dass man die Tankforschung im Verborgenen betreiben sollte.

Es sind ihm die politischen und sozialen Realitäten seines Tuns bewusst geworden. Seine Mission, das Gehirn mit Elektroden zu ‹vermessen› und an sich selber ein Feedbacksystem zu erproben, hat er einstweilen zurückgestellt, da er erkannt hat, dass es sich auf der derzeitigen Entwicklungsstufe der Menschheit nicht durchführen lässt. Sein Analytiker hatte ihn dazu gebracht, bestimmte Aspekte dieser Arbeit kritischer zu betrachten. Die letzten fünf Jahre hat er damit verbracht, Elektroden zu entwickeln, mit denen er sein eigenes Gehirn sicher untersuchen kann. Versuche mit Affen und Delphinen haben ergeben, dass diese Methode noch nicht sicher genug ist. Er verzichtete daraufhin auf Selbstversuche.

Seine Tankforschung hat ihm gezeigt, dass er hier viel mehr Informationen gewinnen kann, als es die ihm vorgesetzten Regierungsstellen verstehen können. Er möchte die Elektrodenarbeit einstellen, da sie zu gefährlich ist. Er möchte andere, ungefährliche Methoden erkunden.

Seine Arbeit mit Delphinen hat ihm klar gemacht, dass diese so intelligent, ethisch und empfindsam wie Menschen sind.

Er realisiert, dass er durch seine Ehe mit einer Person verbunden ist, mit der er überhaupt keine wichtigen Angelegenheiten besprechen kann. Er möchte sich scheiden lassen und hofft, eine dyadische Partnerin zu finden, die seine bestimmten Ziele und Aufgaben mit ihm zu teilen vermag.»

Zweiter Wächter: «Was sind seine grundlegenden Gedanken über die Existenz des dritten Wächters und uns?»

Dritter Wächter: «Er schwankt zwischen zwei Weltanschauungen. Einmal glaubt er, dass der Verstand die Software seines Gehirns ist und dass sich das menschliche Gehirn, seit den Vorvätern auf dem Planeten Erde entwickelt hat und das menschliche Bewusstsein formt. Andererseits glaubt er auch an uns. Dieser Glaube wurde ihm in seiner Kindheit in die Seele geimpft. Er muss allerdings noch erkennen, dass der Geist/Verstand eine Einheit ist, die nicht im Gehirn verankert ist. Wenn er genügend Zeit im Tank verbringt, gelingt es ihm schon. Im Labor oder in der alltäglichen Realität übernimmt aber die erste Weltanschauung sein Bewusstsein.»

Zweiter Wächter: «Ich möchte vorschlagen, dass wir für eine noch bessere Ausbildung unseres Agenten sorgen. Es ist für ihn und uns wichtig, dass er noch tiefer in seinen Geist eindringt.»

Dritter Wächter: «In dieser Richtung sind Fortschritte zu verzeichnen. Zur Zeit plant er, auf den Virgin Islands ein abgeschiedenes Labor für seine Arbeit mit den Delphinen zu errichten.»

Erster Wächter: «Falls er sich unabhängig macht und auf die Virgin Islands geht, schlage ich vor, dass wir ihn einigen kontrollierten Zufällen aussetzen, die ihn in seiner Delphinforschung bestärken. Er muss noch viel über diese Wesen lernen. Wir müssen dafür sorgen, dass er einen weiblichen Partner findet, mit dem er eine Dyade bilden kann. Er hat noch vieles zu lernen, einiges davon wird ihm nicht ohne Schmerz vermittelt werden können. Er sympathisiert noch nicht ausreichend mit dem weiblichen Verstand der Menschen seines Planeten. Er begreift noch nicht, dass es zwei menschliche Universen gibt, das männliche und das weibliche. Er ist sich nicht bewusst, dass es in der geschlechtlichen Beziehung viele Abstufungen gibt. In seiner ersten Ehe war er mehr oder weniger ungebunden. Er muss lernen, auf dem dyadischen Gebiet das wahre Gleichgewicht zu finden.»

Zweiter Wächter: «Es herrscht also Übereinstimmung, dass wir ihm behilflich sein sollten, dass er seine Isolationsarbeit unter besseren Bedingungen weiterführen kann. Ausserdem sollten wir dafür Sorge tragen, dass er im Tank LSD-25 einsetzt.»

Dritter Wächter: «Wir müssen weiterhin dafür sorgen, dass er unsere Existenz nicht verstandesmässig erfasst. Falls er uns zu sicher würde, könnte er nicht mehr in der menschlichen Realität wirken. Ich schlage deshalb vor, dass wir sein zeitweiliges Bewusstsein von uns fürs erste unterbinden, bis er besser darauf vorbereitet ist, mit unserer Existenz klar zu kommen.»

Erster Wächter: «So lasst uns diese Konferenz vertagen.

12

Täuschung und Erfahrung

Langsam kehrte John in seinen Körper, in den Tank, in die menschliche Realität zurück. Seine Überschwenglichkeit und die Erinnerung an die drei Wächter liessen schnell nach. Allein der Umstand, dass er immer noch in einem regierungseigenen Tank war, verbot es ihm, weiter in diese Richtung zu denken. Er entschloss sich, die Forschung unter Regierungsaufsicht abzubrechen, um mehr Freiheit für sein Tun und Lassen zu erlangen. Langsam überkam ihn wieder ein Gefühl für seine Mission, und er wurde wieder zum Wissenschaftler.

Seine ihn schützende Skepsis behauptete sich ebenfalls. Er sagte sich: «Dies muss eine weitere meiner ‹imaginären› Täuschungen der Realität gewesen sein.»

Es kam ihm der Gedanke, all dies schnell aufzuschreiben, bevor ihn die Begriffs- und Gedankenwelt der Realität wieder vollkommen eingeholt hatte.

Nach dem Duschen und Ankleiden sass er in seinem Büro und überlegte, wieviel er von seinen eben gemachten Erfahrungen aufschreiben solle. Wie würde wohl eine potentielle Leserschaft auf diese Aufzeichnungen reagieren? Er überlegte sich mögliche Auswirkungen, falls er dies publizieren würde. Er erkannte, dass ihm für eine mögliche Publikation nicht viel Spielraum blieb, falls diese verlegt und von einer ausreichenden Zahl von Menschen gekauft, gelesen und verstanden werden sollte, damit er das Notwendigste seiner Mission durchführen könnte.

Die Dämmerung zog herauf, und er sass immer noch in seinem Büro. Als er noch überlegte, wie er dies aufschreiben sollte, ging die Sonne auf. Er fühlte seinen Körper, die Realität seines Büros und die Realität dessen, was er erlebt hatte und nun aufschreiben wollte. Sein Biocomputer spuckte alle möglichen Einwände aus, nichts aufzuschreiben. Er dachte: «Habe ich das nur alles geträumt? War es eine Vorstellung? Ein Science Fiction-Drehbuch?» Er überlegte sich viele Alternativen, beurteilte sie und entschloss sich, die inneren Realitäten so gut wie er nur konnte, als wirkliches Erlebnis zu beschreiben, wie es ihm innerhalb des akzeptierten Rahmens möglich erschien. Dann überprüfte er seine Theorien des gebundenen und ungebundenen Geistes/Verstandes.

Der im Gehirn enthaltene Geist ist das Ergebnis eines evolutionären Prozesses auf diesem Planeten. Die passenden Atome sammelten sich im korrekten Abstand zur Sonne in dieser Ecke des Universums, in einer angemessenen Temperaturzone. Durch die Verschmelzung der Atome in einen Planeten, eine Atmosphäre und in Wasser wurden auf der Oberfläche des Planeten Ozeane erschaffen. Stürme über den Ozeanen erzeugten Blitze. Diese explodierten in der Atmosphäre und formten Stickstoffzusammensetzungen, die in die Ozeane fielen. Dort verbanden sie sich mit dem Kohlenstoff des Kohlenstoffdioxydes, die Atome verschmolzen in langen Peptidenketten und formten schliesslich Proteine. Diese Peptide und Proteine ergaben kleine Bällchen mit einer eigenartigen Zusammensetzung. Sie schwammen in der Tiefe der vorzeitlichen Ursuppe der Ozeane. Sie verschmolzen miteinander und formten neue Strukturen. Aus diesen Strukturen bildeten sich die ersten Viren. Diese taten sich zusammen und erzeugten die ersten Bakterien. Bald wuchsen die ersten Urtierchen heran und bildeten durch ihre Kolonien Schwämme und Korallen. Die Evolution verlief im Laufe der Jahrmillionen immer weiter und so entstanden Würmer, Seesterne und Manteltierchen.

Innerhalb dieser Organismen entwickelten sich neue Zellen, die sich auf die Übertragung von Nervenimpulsen spezialisierten. Die Prototypen dieser Nervensysteme entstanden in der Qualle, dem Seestern, den Manteltierchen. Das Nervensystem verlagerte sich ans Kopfende neuer Organismen, Fische entwickelten sich. Die Augen und andere Körperteile orientierten sich nach vorn, entwickelten eine gezielte Bewegungsrichtung. Der Lungenfisch entwickelte sich, kletterte aufs Land und sah sich das neue Territorium an. Amphibien entstanden, kamen ans Land und gewöhnten sich an ihre Wasser- und Landexistenz. Aus ihnen erwuchsen die Reptilien. Einige Reptilien gingen wieder ins Meer und entwickelten sich dort langsam aber sicher zu riesigen Geschöpfen, die mit der Zeit zu primitiven Delphin- und Walvorläufern wurden. Ihr Nervensystem wuchs und wuchs und entwickelte sich bei den Walen zu einer Grösse, die der des Menschen, der erst fünfzig Millionen Jahre später auftauchte, entsprach.

Die Reptilien waren auch die Vorgänger der ersten Landtiere, der Säugetiere. Diese kletterten auf Bäume, wurden immer grösser und schliesslich zu Affen, den Vorfahren der menschlichen Rasse. Der Prototyp des Menschen bildete und entwickelte sich, seine Gehirnmasse nahm zu. Parallel dazu wuchsen auch die Gehirne der Delphine und Wale in den Ozeanen. Schon vor dreissig Millionen Jahren hatten sie die Grösse des heutigen menschlichen Gehirnes.

In jedem der grossen Tiere, also auch im Menschen, steckten nun Gehirne, denen es möglich war, zu wählen, neue Richtungen einzuschlagen, neue Kontrollen über sich und die Umwelt zu erlangen. Der Verstand, so wie wir ihn heute kennen, entwickelte sich in den Gehirnen.

Der Mensch wurde sich seiner selbst bewusst, als er sich seines Gehirnes bewusst und ihm klar wurde, dass er von den andern Menschen abhängig war. Er erbaute, erschuf und lebte in seiner menschenbezogenen Realität und verlor den Kontakt zu seinem Planeten. Er entwickelte grossartige Trugbilder, in denen er der Vertreter der herrschenden Klasse war. Er gab sich selber eine neue Schöpfungsgeschichte, die ihn von der Entwicklung des Planeten und der Entstehung und Entwicklung der anderen Kreaturen deutlich abhob.

Der Mensch kreierte seinen eigenen Ursprung. Er nannte sein Bewusstsein «Seele». Die Seele war ein heiliger Teil Gottes, jenes Gottes, den er in seinem im Gehirn gebundenen Verstand erfunden hatte. Er nahm an, dass sein Verstand/Geist ein Teil eines universellen Geistes war, von dem in jedem etwas enthalten war. Er stopfte seine äussere Realität voll mit Täuschungen eines grösseren Geistes als des seinen. Er betete diese Geistesformen an. Er gründete Kirchen. Er schrieb Bücher. Er schrieb Handbücher Gottes, die er Bibel, Koran, Sutren, Veden und Upanishaden nannte.

Etliche Männer und Frauen zogen sich in die Abgeschiedenheit, in Klöster, Einsiedeleien, in einsame Behausungen, Höhlen und in Wüsten zurück. Sie machten Erfahrungen, die sie «spirituell» nannten. Ihr im Gehirn gebundener Geist erzeugte Erlebnisse jenseits dieses Planeten, jenseits ihrer menschlichen Form und jenseits ihrer Verstandeskräfte.

Langsam erkundete der Mensch seine eigene materielle Natur. Er studierte das Gehirn. Er studierte verletzte Gehirne. Er untersuchte die Auswirkungen von Verletzungen auf das Gehirn. Er erforschte die inneren Realitäten jener mit kleinen und grossen intakten Gehirnen. Er untersuchte die Entwicklung seines genetischen Codes in einem Zeitraum von drei Milliarden Jahren, von der Ursuppe bis zum Jetzt. Er studierte die komplexe Zusammensetzung dieser Ursuppe. Er ging den molekularen Zusammensetzungen lebender Organismen, seines eigenen Körpers und Gehirnes nach.

Die Evolution des Menschen schien genau das zu sein, was er davon begriff: was er über seine Mitmenschen dachte, was die menschlichen Organisationsformen darstellten, seine Sprache, seine Schrift, die Computer und die vielen verschiedenen Anschauungen über sich selbst. Der Mensch führte mit dem Menschen Krieg. Der Mensch tötete den Menschen. Der Mensch tötete hunderte, tausende und Millionen anderer Organismen des Planeten. Der Mensch stufte sich selbst als eine geweihte, spezielle Kreatur ein. Er ging davon aus, dass er sich entworfen und entwickelt hatte, um den Planeten wegen des eigenen Überlebens und wirtschaftlichen Vorteils auszubeuten. Er gab sich Gesetze, um sein Zusammenleben mit anderen Menschen zu regulieren und andere Organismen als Teil seines Eigentums zu kontrollieren. Er zähmte und züchtete viele Tiere. Jene, die sich nicht zähmen liessen, tötete er.

Das Aussterben vieler Arten ging rasch voran. Schliesslich wurde es einigen Menschen bewusst, dass der Planet bald vieler Arten beraubt sein würde, falls diese Entwicklung nicht aufgehalten würde. Viele Arten waren zu diesem Zeitpunkt schon ausgerottet. Im Namen der zur Religion erhobenen Wirtschaft tötete der Mensch Delphine und Wale. Seine Auffassung, dass andere Arten lediglich einen wirtschaftlichen Faktor darstellten, den es auszubeuten galt, vernichtete riesige Kulturen und grosse Teile der Geschichte, deren sich der Mensch noch nicht bewusst war. Die Entwicklung seiner Sprache und der zwischenmenschlichen Kommunikation kapselte ihn von den Möglichkeiten der Kommunikation mit anderen Gehirnen, die ebenso gross oder gar grösser als das seine waren, ab. Die Wale und Delphine wurden dezimiert. Als man die Grössten und Ältesten zum Abschlachten auswählte, löschte man gleichzeitig ihre in riesigen Gehirnen gespeicherte Geschichte aus.

Als der Wissenschaftler diese Geschichte noch einmal durchlas, fühlte er sich wie in einer seit Jahrtausenden gebauten Falle gefangen.

Er dachte: «Ich bin nur einer von Milliarden von Menschen. Wie könnte ich möglicherweise die Evolution dieses Planeten beeinflussen? In dieser menschlichen Realität bekämpft eine Weltanschauung die andere. Ist das, was ich für die Wahrheit halte, wahrer als die Wahrheit anderer? Ist meine Ignoranz kleiner als die Ignoranz anderer? Mein Wissensschatz fühlt sich so klein an. Ich möchte ihn vergrössern. Ich vergrössere ihn und dazu brauche ich neue Glaubensgrundsätze, neue Ansichten. Diese Ansichten können sich ändern, solange das Wissen zunimmt. Welches sind die Wege zu mehr Wissen? Wir Menschen müssen mit anderen Arten kommunizieren, um dieser Falle des geschlossenen Systems unserer eigenen Kommunikationsinzucht zu entkommen. Es ist eine Falle unseres eigenen Konkurrenzdenkens, der Kriege des Menschen gegen den Menschen, der dogmatischen Weltanschauungen, der tödlichen Zerstörung anderer Menschen und Arten. Wir müssen dieses Morden, diese Zerstörungen unter Kontrolle bringen und Verständnis entwickeln. Wie kann ich dies am effektivsten fördern?

Um neues Wissen zu erlangen, braucht man die Zusammenarbeit ausgewählter, selbstentschlossener Mitmenschen. Menschen mit Disziplin, Menschen mit Kenntnis der Wissenschaften, Menschen, die flexibel genug sind, neue Denkmodelle und Wertsysteme, die über die derzeitig geläufigen hinausgehen, zu akzeptieren und übernehmen zu können. Sie müssen gegenüber den Alternativen, die uns grössere Gehirne möglicherweise bieten, offen sein. Wenn der Geist/Verstand im Gehirn sitzt, dann ist die Grösse des Geistes/Verstandes eine der Funktionen des grösseren Gehirns. Ist der Verstand nicht innerhalb des Gehirnes enthalten, so ist dieses ein materielles Ventil des universellen Geistes, der durch das Gehirn die Anzahl unserer Offenbarungen und die Grösse unseres Wissens reguliert.

Ich schwanke immer wieder zwischen der Theorie des gebundenen und des ungebundenen Geistes/Verstandes. Ich schwanke zwischen dem Akzeptieren der drei Wächter und der Annahme, dass diese nur meine eigenen Täuschungen, eine angenehme Methode meine Denkfähigkeit zu erweitern, sind. Glauben gegen Erfahrung. Ist denn Glaube wahrhaftiger als Erfahrung? Ist eine direkte innere Erfahrung wahrer als eine direkte äussere Erfahrung?

Wer sind die Wale und Delphine? Werden wir es jemals erfahren? Wir werden es nie wissen, wenn wir es nicht schaffen, die Kommunikationsschranken zu ihnen einzureissen. Ich hoffe, dass wir dazu in der Lage sein werden. Ich hoffe, eine Menge Energie, Zeit und Geld in dieses Programm investieren zu können, bevor es zu spät ist, bevor es keine Cetaceen mehr gibt, mit denen man kommunizieren kann.»

John dachte: «Wenn also mein Geist/Verstand in meinem Gehirn enthalten ist, dann sind die drei Wächter entweder Informationslecks in einem löchrigen Verstand oder konstruierte Simulationen, die mein eigenes Gehirn aus mir bislang unerfindlichen Gründen aus Quellen erschafft, die meinem Bewusstsein nicht zugänglich sind. Oder, wie Freud es sagen würde, weltanschaulich bedingte Konstruktionen meines Unterbewusstseins, die mir als Kind eingegeben wurden.

Wenn mein Geist/Verstand im Gehirn so undicht ist, dass er Informationen aus mir und der Wissenschaft bislang unbekannten Quellen verarbeitet, dann mag es in diesem Universum durchaus andere Intelligenzen geben, mit denen wir kommunizieren könnten und vielleicht auch kommunizieren, wenn wir den richtigen Bewusstseinsgrad und die angemessene Daseinsform erreicht haben. Vielleicht sind wir für Kommunikationsnetzwerke empfänglich, die über unser heutiges Verstehen hinausreichen. Falls der Geist/Verstand nicht im Gehirn enthalten ist, besitzen die drei Wächter eine objektiv nachweisbare Existenz, die von andern geteilt werden kann.

Falls der Geist/Verstand Informationsquellen jenseits unseres heutigen Wissens anzapfen kann, dann kommuniziert etwas oder jemand mit uns. Wir projizieren unsere Simulationen auf diese Informationen, die uns aus uns unbekannten Quellen zufliessen.

Wenn es wirklich einen ungebundenen Geist/Verstand gibt, dann entfällt die Wissenschaft, dann ist alles Erziehung durch den universellen Geist. Unsere Gehirne sind unzulängliche Ventile oder Filter, die vortäuschen, wer oder was auf diesem Planeten arbeitet und was uns eingegeben wird.

Manchmal glaube ich, dass wir im Universum allein sind. Wir sind ein Zufall. Wir sind eine Nudel aus der Ursuppe. Materie hat seine eigenen evolutionären Gesetze, die von uns nur ansatzweise verstanden werden. Wir sind ein Produkt dieser Evolution. Vielleicht ist die Erde in unserer Milchstrasse der einzige Brutapparat von Leben, wie wir es kennen. Falls in diesem Gedanken ein Körnchen Wahrheit steckt, konstruieren wir bestenfalls Träume aus dem Rauschen unserer eigenen Gehirns und aus den kosmischen Geräuschen unserer Radioteleskope. Falls dieser Gedanke wahr ist, projizieren wir letztlich die Ergebnisse unseres Biocomputers zurück ins Universum und zurück in unsere eigene Struktur.

Freud meinte dazu, sinngemäss: Nein, Wissenschaft ist keine Illusion. Aber es ist eine Illusion anzunehmen, zu Einsichten gelangen zu können, die uns die Wissenschaft nicht zu geben vermag.

Ist das mein wahrer Glaube? Sollte es so sein, ist meine Ignoranz grundlegend. Bislang ist es der Wissenschaft noch nicht gelungen, uns befriedigende Modelle des Universums zu erstellen. Mein Hunger nach in sich schlüssigen Simulationen der Realität ist ungestillt. Die Wissenschaften sind ein offenes, kein geschlossenes System und sie werden Zeit meines Lebens offen bleiben. Das Unwissen steckt mir tief in den Knochen, meine Ignoranz ist immer noch riesig. Mein Wissen ist so klein, so schwächlich. Gibt es denn keine Möglichkeit für mich, diesen narzistischen, menschbezogenen Wissensquellen zu entkommen, um mit anderen Spezies zusammen auf eine neue Stufe des Wissens zu gelangen?

Es scheint, als würde ich mich immer wieder an dieser Frage festbeissen. Es ist an der Zeit, etwas zu tun, damit ich anderen, die über genügend Wissen verfügen, um neue Methoden erkennen zu können, etwas demonstrieren kann. Wir müssen eine neue Möglichkeit finden, die unsere Probleme der «Inter-Spezies»-Kommunikation beseitigt.

Wenn ich wirklich von Führern aus einer anderen Dimension, aus anderen Dimensionen geleitet wurde, dann besteht Hoffnung, dass sie mir den Weg zur Lösung dieser Probleme zeigen, bevor ich sterbe. Falls ich sie mir nur einbilde, können diese Wesen mir zumindest als Inspiration dienen, und meinen Verstand neuen Gedanken, dem Machbaren und Möglichen gegenüber zu öffnen. Es gilt nun, das Machbare wahr zu machen und mit Menschen zu teilen, die auch an solchen wissenschaftlichen Demonstrationen interessiert sind.

Im Laufe der nächsten Tage traf sich John mit seinen beiden Direktoren zu Verabredungen, kündigte beiden Instituten und trat als Offizier des Gesundheitsdienstes der Vereinigten Staaten zurück.

Er verliess Washington, fuhr auf die Virgin Islands und erkundete dort mögliche Lokalitäten für sein Laboratorium. Ein Jahr lang lebte er allein.

In diesem Jahr reichte er seine Scheidung ein und traf die notwendigen Vorbereitungen, um sein neues Laboratorium aufzubauen.

13

Wende

Durch eine Reihe von Zufällen gelang es John, die Mittel zum Ankauf eines Stückes Land in geeigneter Lage aufzutreiben. Dort wollte er sein Laboratorium aufbauen. Es handelte sich um ein Stück Land auf der Insel St. Thomas in der Karibik.

Er hatte erkannt, dass sowohl die Tankforschung wie auch die Arbeit mit den Delphinen eine physiologische Forschung erfordern würde. Dazu war noch eine weitere Forschungsstätte und die Mitarbeit anderer Kollegen notwendig. So richtete er noch ein Labor in Miami, Florida ein und fand auch entsprechende Mitarbeiter dafür. Im Laufe der nächsten Jahre wurden beide Labors einsatzbereit. Die Gehirnarbeit (Physiologie) und die Arbeit an Geist/Verstand (Kommunikation mit Delphinen und Forschung im Isolationstank) wurden in Miami und auf den Virgin Islands getrennt ausgeübt. Beide Labors waren geografisch weit genug getrennt, und so kamen sich die Forscher und Angestellten nicht in die Quere. Jeder konnte sich für ein Gebiet entscheiden.

Er heiratete bald wieder und kurz darauf wurde ihm seine erste Tochter aus dieser Verbindung geboren. Seine Frau bestand darauf, in Miami zu wohnen. Sie übernahm die Verwaltung des dortigen Labors.

Im Labor in St. Thomas arbeitete man inzwischen daran, den Delphinen die englische Sprache beizubringen. Zufällig war Margaret Howe, eine talentierte Engländerin, in der Lage, ihre ganze Zeit in dieses Projekt einzubringen.

Auf der Insel wurde ein Isolationstank installiert. In Miami erforschte Dr. Peter Morgane unter Johns Leitung sehr gründlich die Delphingehirne.

Sobald John mit der Arbeit beider Labors zufrieden war, begann er, weitere Eigenversuche im Isolationstank auf der Insel zu machen.

Durch frühere Forschungskollegen war es ihm geglückt, eine grössere Menge LSD-25 direkt von Sandoz beziehen zu können. Er bekam eine entsprechende Genehmigung, damit forschen zu dürfen. Allerdings tarnte er seine wahren Absichten, indem er angab, die Wirkung des LSD auf Delphine erforschen zu wollen.

In der Tat führte er auch mit Delphinen eine Reihe von Experimenten durch, um festzustellen, ab welcher LSD-Dosis man Delphinen ein verändertes Verhalten ansehen konnte. Es genügten 100 Mikrogramm. Vorher schon hatte John herausgefunden, dass beim Affen wie beim Menschen die kritische Dosierung genau dieselbe war. Daraus schloss er, dass das Körpergewicht des Konsumenten keinen Einfluss auf die Wirkung von LSD hat. Es sieht so aus, als ob sich LSD ungeachtet der Körpergrösse im Gehirn konzentriert, sei es nun beim anderthalb Kilo schweren Affen oder bei einem Delphin von 220 Kilo Körpergewicht.

Nachdem er die kritische Dosierung so festgelegt hatte, begann er mit seinen Selbstversuchen im Tank. In den folgenden zwei Jahren unternahm er eine ganze Reihe solcher Experimente.

John hatte das Gefühl, bestimmte Vorstufen seiner Forschung abgeschlossen zu haben, um sich nun vorwiegend dem LSD zu widmen. 1960 hatte er auf Betreiben Herman Wouks hin das Buch *Man and Dolphin* geschrieben, das ein Jahr später veröffentlicht wurde. Von 1961 bis 1964 war er damit beschäftigt, Unterstützung für seine Labors zu sammeln. Die Labors hatte er so organisiert, dass sie bis zu fünf Tagen auch ohne seine Anwesenheit funktionierten. Um die Arbeit in beiden Labors zu überwachen, musste er mehrmals im Monat zwischen Miami und St. Thomas hin und her pendeln. Er fühlte, dass er nur zu einer konzentrierten Tankforschung kommen würde, wenn ihn die beiden Laborteams in Ruhe liessen. Seit er das NIH verlassen hatte, stand ihm kein Tank mehr zur Verfügung, und er vermisste die innere Ruhe und Hilfe des Tankes bei Anforderungen von aussen. Es war ihm klar, dass seine LSD-Forschung im Tank gründlich durchgeführt werden musste. Ausserdem galt es, diese Versuche vor seinen Kollegen geheimzuhalten; auch vor denen, die mit der Delphinforschung beschäftigt waren. Sein Drang durch Selbstversuche mehr über die Funktionen des Gehirnes zu lernen, gefährdeten Bereiche seiner alltäglichen Realität und seine Glaubwürdigkeit in der Öffentlichkeit.

In jener Zeit munkelte man in Forscherkreisen, dass jene, die LSD nahmen, irgendwie anders seien, als jene, die es nicht nahmen. Es gab die Tendenz, Ergebnisse von Forschern, die diese Droge nahmen, anzuzweifeln. John erkannte mehrere Gründe für dieses Verhalten.

Einige Forscher hatten sich über LSD und dessen Wirkungen auf das Gehirn zu enthusiastisch geäussert. Andere waren durch ihren ersten Versuch erschreckt worden. Über therapeutische Erfolge auf verschiedensten Gebieten, wie beispielsweise beim Alkoholismus und bei Neurotikern, existierten extrem unterschiedliche Meinungen. Forscher, die keine LSD-Erfahrung hatten, waren einfach nicht in der Lage, die grundlegende Wirkung des LSD auf das menschliche Gehirn zu erkennen. Jene, die es benutzten, waren dagegen häufig nicht fähig, ihre Erfahrungen adäquat vermitteln zu können, sie wurden von ihren Gegnern einfach nicht verstanden. Bestimmte Forscher waren aus dem akademischen Betrieb ausgestiegen und ernannten LSD öffentlich zu einem neuen «Sakrament», wurden zu Religionsstiftern.

Einige Patienten, die eine LSD-Therapie hinter sich hatten, schrieben Bücher über ihre Erfahrungen. Für den drogenunkundigen Realisten waren sie nicht verständlich und versetzten ihn in Angst und Schrecken.

Johns Erfahrung hatte gezeigt, dass der menschliche Geist eine grössere Bandbreite hatte, als es sich Menschen ohne LSD-Erfahrung vorstellen konnten. Das wissenschaftliche Puzzle, das LSD in menschlichen Gehirnen verursachte, reizte ihn; er war neugierig genug, es in Selbstversuchen zu ergründen. Bazetts und Haldanes Ideal «Tue dir selber an, was du andern antun willst, bevor du es ihnen antust», war auch immer noch das seine, als er mit den Selbstversuchen in St. Thomas anfing.

Er war sich der sozialen und persönlichen Gefahren dieser Forschung bewusst, deswegen weihte er einige wenige enge Vertraute in sein Geheimnis ein.

14

Zwei Weltanschauungen

Das menschliche Gehirn ist ein lebender Computer mit ungeahnten Möglichkeiten. Ein Biocomputer. Seine Fähigkeiten lassen sich bislang noch kaum überblicken. In seine Strukturen sind Programme für Furcht, Zorn, Liebe, Genuss und Schmerz eingebaut. Der genetische Code bestimmt diese Kreisläufe, die in sich recht einfach sind. Der Geist/Verstand ist die Software dieses Computers. Der Beobachter im Gehirn ist das Ergebnis der Computerarbeit des Gehirns. Genauso wie Schmerz und Genuss Ergebnisse des Bio-Feedbacks zwischen Gehirn und Körper sind, wird auch der Beobachter in der Grosshirnrinde berechnet, computerisiert.

Der Beobachter ist ein im Gehirn befindlicher Programmierer. Der Programmierer ist der Agent innerhalb des Gehirns. Das Selbst ist der im Gehirn enthaltene Operateur, der durch einen selbstreflexierenden Kreislauf mit der Grosshirnrinde in Verbindung steht. Ist das im Gehirn enthaltene Selbst mehr als nur das Ergebnis der Software des Gehirns? Ist der Geist/Verstand mehr als nur eine Computeraktivität des Gehirns?

Dieses Vorprogramm für seine Experimentreihe schrieb sich John vor seiner ersten LSD-Einnahme auf. Dies waren die Fragen, die er, wenn möglich, beantworten sollte. Während seiner ersten beiden Versuchssitzungen mit LSD unter der Aufsicht eines Freundes in Kalifornien, hatte er darauf keine Antworten erhalten. Die Analyse dieser zwei Sitzungen gab ihm darüber keine erschöpfenden Auskünfte. Alles, was er dort erfahren hatte, unterstützte die These, dass der Verstand im Gehirn enthalten war.

In der totalen Schwärze des isolierten Raumes spritzte sich John am Eingang des Tanks hundert Mikrogramm reines Sandoz LSD-25. Er bestieg den Tank und schwamm im auf 34,5 Grad Celsius erwärmten Meerwasser, das aus der Karibik hereingepumpt worden war, obenauf.

Er hatte grosse Angst. Niemand hatte vor ihm einen solchen Versuch unternommen. Er vergegenwärtigte sich der Warnungen seiner Kollegen. «Niemand sollte LSD alleine nehmen. Die Mitglieder der LSD-Forschungsgruppe am NIMH haben einige schreckliche Erfahrungen gemacht, als sie LSD ohne anwesenden Führer nahmen. Der Direktor des Programmes verbot solche Versuche ohne Beisitzer des Forschungsprogramms.»

Sein schwebender Körper wurde vor Furcht geschüttelt. Schnell steigerte er sich in Terror und dann Panik. Er verspürte die Versuchung, aus dem Tank zu klettern, aber dann erkannte er, dass auch dies ein gefährliches Unterfangen werden könnte, da er dabei eine 2,5 Meter hohe Wand zu überwinden hatte. Er schwebte also weiterhin und begann sich nochmal von vorne einzustimmen.

«Diese Furcht ist ein Ergebnis von Erinnerungen. Diese Furcht kommt aus den niederen Kreisläufen meines Gehirns und drückt sich im Körper aus. Meine negativen Verstärkerkreisläufe sind hyperaktiv. Ich habe genügend Verbindung zu diesen Kreisläufen, um ihre Aktivitäten vermindern zu können. Ich kann diese Furcht neutralisieren, ohne dass dabei Energie verloren geht. Dies ist das erste Experiment dieser Art, das jemals durchgeführt wurde. Ich muss meinen Mut zusammennehmen und die Kontrolle über mich bewahren, um hier heil durchzukommen.»

Die LSD-Wirkung begann. Die elektrischen Reizungen des Körpers waren vertraut. Er wendete die Disziplin an, die er bei vorangegangenen Tankversuchen erlernt hatte. Er erlaubte seinem Körper, sich innerhalb dieser elektrischen Ströme zu entspannen. Die Dunkelheit, die Nässe und die Wärme verschwanden. Die äussere Realität des Tanks verschwand.

Sein Körper verschwand ebenso wie sein Bewusstsein der körperlichen Prozesse, der Existenz des Körpers. Sein Wissen um sein Gehirn verschwand. Das Wissen seines «Selbst» war alles was blieb.

«Ich bin ein kleiner Punkt Bewusstsein in einem grossen Raum jenseits meines Verstandesvermögens.

Grenzenlose Kräfte der Evolution peitschen mich durch farbige Lichtströme, die sich materialisieren, während die Materie zu Licht wird. Aus dem Licht bilden sich Atome, aus den Atomen bildet sich Licht. Diese Transaktionen werden von einem unermesslichen Bewusstsein gelenkt. Mir gelingt es nur unter Schwierigkeiten, mich an meiner Identität, meinem Selbst, festzuhalten. Die mich umgebenden Vorgänge durchdringen mein Sein, bedrohen meine eigene Integrität, versuchen mein Sein in dar Zeit zu stören. Es gibt keine Zeit. Dies ist ein unendlicher Platz. Hier entstehen unendliche Prozesse, die von viel mächtigeren Wesen in Gang gesetzt werden. Aus mir wird lediglich ein kleiner Gedanke dieses unermesslichen Geistes, der sich meiner Existenz praktisch unbewusst ist. Ich bin ein kleines Programm des riesigen kosmischen Computers. Es gibt keine Existenz, kein Sein ausser *diesem* in alle Zeiten. Es gibt keinen Platz, an den man zurückkommen kann. Es gibt keine Zukunft, keine Vergangenheit, nur *dies*.»

Langsam behauptete sich der Körper, er begann sich im Tank zu bewegen. Das Wesen begab sich wieder in den Körper. Es war etwas durcheinander, wem dieser Körper wohl sei.

«Wo bin ich? Ich bin in einen Körper geschickt worden. Ich fühle ihn, aber es gibt keine Aussenwelt. Ich bin von einer Realität umfangen, die mir bislang unbekannt war. Ich verliere schnell die Freiheit meiner Bewegung der multidimensionalen Räume, in denen ich sonst ewiglich existiere. Ich werde eingeschränkt, ich bin eingebaut, ich bin von diesem Körper programmiert worden. Ich werde mehr und mehr von diesem Kopf gefangen, von diesem Körper mit zwei Armen, einem Rumpf und zwei Beinen eingeengt. Ich wurde aus den fernsten Weiten des Alls gerufen, um diesem Körper zu dienen. Wie soll ich das bewerkstelligen? Woher soll ich wissen, was ich zu tun habe? Was glaubt er? Wie sind die Beziehungen zu möglichen Anderen hier? Ist dieser Körper vollkommen allein?

Ich scheine irgendwie zu schweben. Wenn ich mich bewege, verspüre ich einen sanften Widerstand einer Flüssigkeit, in der ich schwebe. Der Körper atmet, ein Herz schlägt, ein Gefühl der Wärme umgibt mich.

Ich werde ein menschliches Wesen. Ich glaube, dieser Planet wird Erde genannt. Der Name dieses Körpers ist ‹John›. John glaubt nicht an mich. Er glaubt, dass er von seiner Geburt bis zum Tode in diesem Körper und dessen Möglichkeiten gefangen ist.»

Plötzlich kehrte John voller Überschwang und mit einem ekstatischen Enthusiasmus in seinen Körper zurück. Er erinnerte sich der anfänglichen Angst vor diesem Experiment.

«Der Körper ist reaktiviert. Der Mensch ist in ihm zurück. Für mich ist hier kein Platz mehr. Die beiden andern Wächter haben mich beauftragt, meine Anwesenheit nicht zu verraten. Obwohl er mich und die andern

Wächter während eines todesnahen Erlebnisses vor ein paar Wochen kurz erlebte, akzeptiert er unsere Existenz nicht. Er muss mich noch als seinen ständigen Begleiter anerkennen. Meine Instruktionen besagen, dass ich mich ihm erst offenbare, wenn dieser Schritt ihn in seiner Alltagsrealität nicht zu arg verwirrt.»

John lag im Tank und erinnerte sich an seine Erfahrungen im unendlichen Universum, an die Multidimensionen weit jenseits seines Verstandesvermögens. Langsam kehrte er in den disziplinierten Zustand des Wissenschaftlers zurück. Er kletterte aus dem Tank, duschte und schrieb seine Notizen. Er realisierte, dass sie irgendwie unvollständig waren. Es gab da Instruktionen, an die er sich nur schwach erinnern konnte:

«Dieser Agent wird sich nicht an alle Erlebnisse dieses Experiments erinnern können. Es wird in seinem Biocomputer, jenseits seines Bewusstseins, gespeichert. In der Zukunft wird er sich zur gegebenen Zeit nach und nach immer mehr an diese Ereignisse erinnern können, allerdings erst, wenn er dies so in sein Leben zu integrieren vermag, dass es seine Rolle in der menschlichen Alltagsrealität auf dem Planeten Erde nicht zerstört.»

Kaum hatte John diese Sätze aufgeschrieben, da überkam ihn wieder seine Skepsis. Er vergegenwärtigte sich seine Erlebnisse noch einmal und kam zu dem Schluss, dass seine Theorie über den Geist/Verstand weder bestätigt noch widerlegt wurde. Er argumentierte, dass das LSD letztlich Auswirkungen auf die Rolle des Beobachters und Operateurs innerhalb des Gehirnes hatte. Der Beobachter konnte sich von den Fallen befreien, die ihm als Mensch gestellt wurden. Die Kapazität des Biocomputers wird möglicherweise durch LSD eingeschränkt. Vielleicht wird er durch zunehmende Einnahme von LSD frei genug, um seine innere Realität bis hin zu ihren Grenzen berechnen zu können? Ja, sogar innere Realitäten nach Wunsch herzustellen. An den Grenzen würden andere Programme und Berechnungen seine Identität übernehmen. Dieser Prozess würde sich weiter fortsetzen, bis seine Wahrnehmung auf ein selbstreflektierendes System reduziert war, das seinen eigenen Schwanz jagte. Das totale Feedback vom Selbst zum Selbst.

Aus diesem Gefühl heraus wurde ihm urplötzlich klar, dass LSD, sofern es korrekt in Isolation angewendet wurde, eine Verknüpfung mit allem mit sich bringen konnte: an jeden, jede Idee, jedes Konzept, jede Hypothese. Unter LSD liebte er seine These, dass der Geist/Verstand im Gehirn enthalten sei.

Seine Arbeiten in der Neurophysiologie, seine Arbeiten in der Medizin und in der Psychoanalyse, alles wies darauf hin, dass diese Anschauung die richtige sei.

«Enthält das Gehirn mehr als nur den gebundenen Geist/Verstand? War die Realität, die ich im Tank erfuhr, nur ein in Flüssigkeit schwebender

Körper, dessen Gehirn unter dem Einfluss einer Droge stand? Sind alle anderen Theorien lediglich Überbleibsel aus meiner Kindheit, als ich noch an die Seele, Gott, den Himmel und die Hölle glaubte? Existiert das Göttliche? War Christus eine direkte Manifestation von Gottes Sohn auf Erden?»

Innerlich kämpften seine Glaubenssysteme erbittert miteinander und teilten ihn in einen religiösen Menschen und einen Wissenschaftler. Diese Teile waren nicht zu integrieren und gegenseitig unakzeptabel.

«Da ist eine entfliehende Erinnerung an ein Wesen, das meinen Körper übernahm. War dies ein wirkliches Erlebnis oder war es eine Ausgeburt meiner mit sich kämpfenden Teile des Selbst? Ist dieses Wesen, das man in der katholischen Kirche und in anderen Religionen eine Seele, einen Geist nennen würde, ein Teil Gottes?»

Nachdem er seine Notizen beendet hatte, besuchte John Margaret, die mit den drei Delphinen Peter, Sissy und Pamela arbeitete. Noch völlig von seinem Enthusiasmus beseelt, versuchte er ihr, von seinen Erfahrungen zu erzählen.

Margaret: «Schau, John, ich habe meine Zeit, meine Energie, meine Liebe und mein Leben der Arbeit mit Peter, Sissy und Pam gewidmet. Ich möchte von der Verfolgung meiner Ziele nicht abgelenkt werden. Wenn du deine Forschung im Tank mit LSD durchführen willst, dann lasse deine Erfahrungen dort. Dieser Teil des Labors ist den Delphinen und meiner Arbeit mit ihnen zugeordnet. Ich bin an dem, was du treibst, nicht interessiert, ich bin nicht neugierig darauf. Aufgrund meiner Erfahrungen möchte ich diese Experimente nicht mit dir diskutieren. Ich bin dein Sicherheitsagent, ich halte dir die anderen vom Leib, damit dich niemand im Isolationsraum belästigt. Aber ich kann dir darüberhinaus nicht weiterhelfen und weigere mich, es zu tun.»

John überlegte und fand, dass dies eine perfekte Situation sei, in der niemand dem anderen in seine Experimente dreinredet. Das Labor lag isoliert und Margaret konnte ihn bei künftigen Experimenten gut abschirmen.

So sagte er: «Gut. Margaret, ich anerkenne, was du tust. Niemand hat sich jemals mit einer solchen Hingabe den Delphinen gewidmet. Ich werde dir nicht dazwischenpfuschen. Die Trennung unserer Arbeitsbereiche empfinde ich als optimal. Bitte warne mich rechtzeitig, falls ich dich noch einmal mit meinem Enthusiasmus verwirre.»

John kehrte zu seinem Büro und Schlafraum über dem Labor zurück und Margaret blieb in ihrem Lebensbereich mit den Delphinen.

Am nächsten Tag fand er für zwölf Stunden tiefe Ruhe. Er konnte seinen Körper, seinen Verstand und die Weite seiner Unwissenheit neu akzeptieren. In jener Nacht ging er hinaus und betrachtete den Sternenhimmel, der hier nicht von den Lichtern einer Stadt erblasste. Er ging zum dunklen Delphinbecken und beobachtete, wie die drei Delphine miteinander schwammen. Er empfand eine nie zuvor empfundene Verbindung zu ihnen. Er realisierte, dass auch sie ein Bewusstsein, eine Leidenschaft dem Menschen gegenüber in sich trugen. Sie waren sehr aufmerksam. John wurde sich der Einzigartigkeit dieses Planeten und allen Lebens auf ihm bewusst. Er gewann eine neue Hochachtung vor den Ozeanen und den in ihm lebenden Wal- und Delphinkulturen. Er verspürte zu diesen uralten Kulturen, die so anders als die unsrigen sind, eine neue Art der Verbundenheit.

Es kam ihm ein Gedanke: «Kann es sein, dass sie mit mir, als ich im Isolationstank lag, kommunizierten? Ihre Gehirne sind grösser als die unsrigen. Ist ihr Verstand vielleicht auch entsprechend grösser? Kann es sein, dass ihre Kommunikationssysteme viel komplexer sind als unsere zwischenmenschlichen? Sie sind in der Lage, sich mit ihren Echosonarsystemen gegenseitig in den Leib zu schauen; sie wissen also genau, was in dem andern Körper vorgeht? Sie achten einander viel mehr als wir es tun.»

John betrachtete das Delphinbecken, die Delphine, den Ozean, die Sterne, die Milchstrasse, den Tank, das Labor und seine Aufgaben als Mensch. Zeitweilig übermannte ihn ein Gefühl der Unendlichkeit des Universums und der Winzigkeit seines Planeten. Er fühlte sich als kleine Mikrobe auf einem Schlammball, der um eine Sonne kreist, die zwei Drittel ihres Weges vom galaktischem Zentrum entfernt auf der Reise zur unendlichen Schwelle einer kleinen Galaxie in einem riesigen Universum zurückgelegt hatte.

«Gibt es in unserer Galaxie andere Zivilisationen, mit denen wir kommunizieren können? Werden wir beeinflusst, ohne es zu bemerken? Was ist dies für eine Mann/Frau zentrierte Kultur, der ich angehöre? Durch unsere narzistischen Vorurteile verdrängen wir, dass es hier auf diesem Planeten alternative Intelligenzformen geben mag, die viel grösser als die unsrigen sind. Ich grüble über andere menschliche Zivilisationen irgendwo in der Galaxie nach, und dabei leben auf diesem Planeten alternative Formen der Intelligenz, Leidenschaft und Liebe, die wir völlig ignorieren. Ich besteige den Isolationstank und mache unglaubliche Erfahrungen, die meinen Drang nach Kommunikation mit nicht-menschlichen Wesen verstärkt. Ich projiziere dieses Verlangen und habe Erlebnisse, die jene Verlangen stillen. Wow! Jetzt sehe ich, dass ich von meiner eigenen Hypothese, nämlich dass der Geist/Verstand an den menschlichen Körper gebunden ist, gefangen bin.

Ich muss dieses Glaubenssystem überprüfen, ich muss es von aussen betrachten. LSD und der Isolationstank sind ein machtvolles Werkzeug zur Erforschung von Weltanschauungen und ihren Konsequenzen.

Die Gegenwart der Delphine, die Gegenwart der Galaxie und die See rüsten mich mit allem aus, was ich brauche. Ich muss mir die Integrität dieses Labors erhalten, bis ich in dieser Arbeit Fortschritte erzielt habe. Ich muss diese Reihe von Versuchen abschliessen, soweit das möglich ist.

So ist es meine vordringliche Aufgabe, mich von meinen Wertsystemen zu befreien und zum Bewusstsein zu gelangen, welches diese Aufgabe lösen kann.

Aus Sachzwängen heraus muss ich die Arbeit hier öfters unterbrechen und kann nicht häufiger als alle zwei bis sechs Wochen Versuche durchführen. Ich glaube aber, dass dies auch das Beste zur Erhaltung meiner sozialen Kontakte in Miami ist.»

15

Grundlegende Wandlungen

In den Jahren 1964 und 1965 beendete John seine LSD-Versuchsserie im Tank. Es war unvermeidlich, dass sich diese Forschung und seine Experimente unter seinen Bekannten herumsprach. In der Zwischenzeit war LSD zum Objekt öffentlicher Paranoia geworden. Es wurden Gesetze erlassen, die den weiteren Gebrauch dieser Droge verboten. Die wissenschaftliche Erforschung in diesem Bereich kam praktisch zu einem Stillstand.

John erhielt einen Brief der Sandoz, in dem er, wie auch alle anderen Forscher, angewiesen wurde, seine restlichen LSD-Vorräte zurückzugeben. So schickte er seinen verbliebenen Rest an Sandoz zurück.

Unter dem Titel *Programming and Metaprogramming in the Human Biocomputer* erschien 1971 sein Report über diese Versuche.

Jahre später reflektierte er noch einmal über diese Zeit der Experimentierfreiheit, die es ihm ermöglicht hatte, grundsätzliche Parameter des menschlichen Verstandes auszuloten. Er erkannte, warum LSD zum gegenwärtigen Evolutionsstand der menschlichen Gesellschaft verboten werden musste. Viele der LSD-Forscher, die stark genug waren, die LSD-Erfahrung mehrfach selber zu machen, blieben unfähig, ihre Weltanschauung entsprechend zu revidieren. Sie hielten an alten Grundsätzen fest. Diese waren sicherer und beliessen den Forscher und seine Versuchsobjekte innerhalb des wissenschaftlich akzeptierten Rahmens. Er konnte dies nachempfinden, da er schliesslich mit denselben Problemen zu kämpfen hatte. Es ist ein umwerfender Prozess, das eigene Weltbild zu ändern. Für jemanden, der mit alten Grundlagen der Wissenschaft und Medizin verhaftet bleiben wollte, war es sehr nervenaufreibend.

Als er die Literatur und die sozialen Ereignisse jener Zeit rekapitulierte, erkannte er, dass die menschliche Gesellschaft ein ultrastabiles System ist, das auf sehr schnelle Veränderungen sehr konservativ reagiert. Die Gesetze und Urteile gegen jene, die diesen Wechsel enthusiastisch propagierten, bestätigten dies. Die Menschheit, als ein riesiges Feedback-System betrachtet, erfordert Stabilität, um seine Strukturen zu erhalten. Die schnellen Veränderungen, die LSD im menschlichen Verstand verursachen konnte, und die Wandlung jener, die es eingenommen hatten, widersprachen der Hyperstabilität der sie umgebenden Gesellschaft. Jene, die die wahren Möglichkeiten dieses chemischen Agenten erkannt hatten, waren nur eine verschwindend kleine Minderheit. Jene, die gewillt waren, offen und diszipliniert über einen angemessenen Gebrauch nachzudenken, wurden unterdrückt. Jene, die LSD zu therapeutischen Zwecken zur Hilfe von Alkoholikern oder zum Kurieren von Neurosen einsetzten, verloren die Unterstützung der sie umgebenden Realität der öffentlichen Meinung.

Er akzeptierte diese Einschränkungen, da er die notwendigerweise konservative Natur menschlicher Organisation erkannte. Sein eigener Geist/Verstand war nun neuen Möglichkeiten und Wahrscheinlichkeiten gegenüber offen. Einige der Kollegen, die auch mit dieser machtvollen Methode gearbeitet hatten, unterstützten seine Theorie, dass der Geist/Verstand im Gehirn enthalten ist.

Die Delphinarbeit war inzwischen an einem Punkt angelangt, den er nicht überschreiten wollte. Die Erkenntnis, dass Delphine intelligente, fühlende, fremde Wesen waren, die mit dem Menschen kommunizieren wollen, erforderte eine völlige Erneuerung der Forschungsmethoden.

Alle Sympathisanten seiner Forschung innerhalb der Regierung verliessen ihre Posten. Er spürte den Drang der Nixon-Administration zur zweckorientierten Forschung. Unterstützungen für die sogenannte periphere Forschung, wie zum Beispiel mit Delphinen, wurden zurückgezogen.

Ein früherer Mitarbeiter meines Communication Research Institute verklagte das Institut und bekam Recht gesprochen. Um den Urteilsspruch zu finanzieren, musste das Labor in St. Thomas verkauft werden.

John gelangte zur Überzeugung, dass man im augenblicklichen Klima keine den Delphinen angemessene Forschung durchführen konnte. Es wurde ihm klar, dass die Organisation der beiden Labors nicht mehr zeitgemäss war. Es gab neue Erkenntnisse. Man hatte die unzweifelhafte Überlegenheit des Delphingehirns bewiesen. Das, was den Menschen vom Affen unterscheidet, nämlich die Grösse seiner stillen Zonen im Gehirn, unterscheidet den Delphin entsprechend vom Menschen. Seine stillen Zonen sind noch grösser. Für John war dies Beweis genug.

Die intensive Arbeit an einem kleinen Computer zeigte ihm, dass es bei der Lösung bestimmter Kommunikations- und Verhaltensprobleme, die sich aus dem offensichtlichen Enthusiasmus der Delphine, mithelfen zu wollen, nur mit Hilfe von Computern weitergehen konnte. Der kleine Computer war nicht schnell genug, um den Kommunikationsaustausch zwischen Delphin und Mensch bewältigen zu können. Die «Sprache» des Delphins ist zehnmal schneller als die menschliche. Um ihre hohen Frequenzen und ihre Geschwindigkeit auf das menschliche Mass zu reduzieren, waren Computer notwendig, die das Zehnfache des damals möglichen leisten konnten. Er zog all dieses in Betracht und entschloss sich, das Labor zu schliessen.

Unterdessen war auch seine zweite Ehe zu Bruch gegangen. Seine Frau war mit den Problemen, die sich aus der LSD- und Delphinforschung ergaben, nicht fertig geworden. Er wollte die Scheidung, aber seine Frau war dagegen. Er zog aus dem gemeinsamen Haus in Miami aus und versuchte erfolglos, sich mit ihr zu einigen.

Seinem wissenschaftlichen Personal besorgte er anderswo Arbeit. Er überwachte den Transport der Anlagen an ihre neuen Standplätze. Als diese Arbeiten getan waren, verliess er Miami.

Anschliessend versuchte er sechs Monate lang, seine Tank- und LSD-Forschung in einem psychiatrischen Institut einer staatlich unterstützten Institution fortzusetzen.

In jener Zeit reiste er an die Westküste, um jene Menschen kennenzulernen, die ebenfalls an einer Veränderung des gesunden Menschenverstandes arbeiteten. Er untersuchte Methoden, die ohne LSD auskamen. Er erforschte die Hypnose und erkannte, dass dies eine sehr starke Methode war, um sich, zumindest für einige Zeit, innerlich zu ändern.

Er hörte davon, dass am Esalen Institute in Big Sur in Kalifornien weitere Methoden gelehrt wurden. Er ging nach Big Sur, wurde Institutsmitglied und erlernte die dortigen Methoden. Er blieb achtzehn Monate am Esalen Institute.

Dort vernahm er auch erstmals von einem Freund etwas über die esoterische Schule in Arica in Chile, wo noch stärkere und effektivere Methoden der Bewusstseinsveränderung praktiziert wurden.

Er verliess Esalen und ging für acht Monate nach Chile. Dort lernte und erfuhr er Wesens- und Bewusstseinsänderungen, die jenen ähnelten, die er im Tank gemacht hatte.

Im Jahr nach seiner Rückkehr aus Chile schrieb er das Buch *Das Zentrum des Zyklons* über seine Erfahrungen.

Bald nachdem er wieder in den USA war, traf er Toni. Als John und Toni anfingen miteinander zu leben, erkannte er, dass er endlich die Frau, die er so viele Jahre lang gesucht, nun gefunden hatte. Auch sie hatte in ihrem Leben viele Veränderungen durchgemacht. Zweimal hatte sie geheiratet, und ihre Erforschung des eigenen Bewusstseins war weit und tief gegangen. Einige Jahre später schrieben sie zusammen das Buch *Der Dyadische Zyklon*.

In ihrem ersten gemeinsamen Jahr entschloss sich Toni, ebenfalls diese esoterische Schulung mitzumachen, die inzwischen von Chile nach New York umgezogen war. John und Toni flogen nach New York, wo sie das dreimonatige Training absolvierten. Beide hatten das Gefühl, dass dieser Unterricht wichtig für Toni sei, um Johns Erfahrungen in Chile verstehen zu können. Sie hat ihre Erfahrungen des Trainings im oben erwähnten Buch niedergeschrieben.

Toni und John fingen an, gemeinsam Workshops abzuhalten. Hier präsentierten sie Methoden und Hilfen zur Selbstverwirklichung, der Bewusstseinsveränderung. Etwa fünfzig Meilen ausserhalb von Los Angeles hatten sie ein Haus, in dem sie diese Workshops in einer heimischen Atmosphäre durchführen konnten.

Hier wurden auch mehrere Tanks installiert, damit sie von vielen Menschen zur eigenen Bewusstseinsänderung benutzt werden konnten. Die Isolationstanks waren inzwischen verbessert und sicherer gemacht worden, so dass sie ohne vorheriges Training benutzt werden konnten.

16

Zweite Konferenz der drei Wächter

Erster Wächter: «Wir brauchen den Bericht des dritten Wächters über den Stand der Beziehungen mit unserem Agenten auf der Erde.»

Dritter Wächter: «Der menschliche Träger auf dem Planeten Erde hat zu einer neuen Festigkeit gefunden. Er hat mit einer befriedigenden Frau ein dyadisches Verhältnis aufgebaut. Sie kann ihm bei seinen Ausflügen als Anker dienen. Der Agent hat für seine Aktivitäten einen zufriedenstellenden Platz gefunden. Ihm stehen die nötigen Isolationstanks zur Verfügung, er lebt in einer sicheren finanziellen Situation und ist von Staatsgeldern unabhängig. Er hat alle Kontakte zu früheren Arbeitgebern abgebrochen. Ihm ist klar geworden, dass er in dieser Realität unabhängig arbeiten muss. Mit Hilfe seines weiblichen Partners hat er Kontakte zu jungen Ärzten, die ihm zukünftig helfen können, gefunden.»

Zweiter Wächter: «Hat er Unterschiede zwischen dem ersten und zweiten Wächter erkannt?»

Dritter Wächter: «Nein, bis jetzt noch nicht. Er hat sie zwar bei einem Erlebnis in Chile kommen sehen, als sie sich mit ihm verschmolzen, aber er hat seinen Verstand auf dieser Ebene blockiert. Er erkennt zwischen uns keine Unterschiede. Er hält uns für Konstruktionen seines Verstandes, als seien wir Teile eines Wesens, seiner selbst.»

Erster Wächter: «Wir brauchen den Rat des dritten Wächters. Wie sollen wir vorgehen, damit er uns und unsere Beziehung zum Rest des Galaktischen Kontrollsystems zu verstehen vermag?»

Dritter Wächter: «Er hat sein Wissen so organisiert, dass er uns innerhalb der menschlichen Beziehungsrealität akzeptieren kann. Er hat seine früheren Ansichten über die Zufallskontrolle überarbeitet. Nach meinen Einschätzungen ist er sehr sorgfältig, zumindest so weit er geht. Er erkennt, dass sein eigener Wille nur in der Lage ist, eine Kurzzeitkontrolle über Zufälle auszuüben. Es ist ihm auch klar, dass etwas Grösseres als er, die Langzeitzufälle für ihn und die menschliche Gesellschaft kontrolliert. Er nennt diese Kraft IZKB (Irdisches Zufallskontrollbüro). Er scheint anzunehmen, dass wir im IZKB existieren, falls es uns überhaupt geben sollte.»

Zweiter Wächter: «Akzeptiert er, dass sein sogenanntes IZKB von höheren Stufen kontrolliert wird?»

Dritter Wächter: «Ja, er hat eine Art Hierarchie entwickelt, die sich an der Astronomie orientiert. Er glaubt, dass das IZKB von einem Kontrollzentrum innerhalb des Sonnensystems kontrolliert wird. Darüber stellt er dann die Galaktische Zufallskontrolle (GZK). Als Gipfel setzt er ein Kosmisches Zufallskontrollzentrum (KZKZ) ein, wobei ihm dies momentan noch jenseits seiner derzeitigen Vorstellungsmöglichkeiten zu liegen scheint.»

Erster Wächter: «Also beginnt er, uns und unsere Kontrolle über ihn langsam zu verstehen, obwohl er noch eine Science Fiction-Terminologie benutzt.»

Zweiter Wächter: «Kann ich hier einen Vorschlag anbringen?»

Erster Wächter: «Ja, danach habe ich noch einen weiteren Vorschlag, aber zuerst sollte sich der dritte Wächter nochmals äussern.»

Dritter Wächter: «Aufgrund der Bewusstseinsprogrammierung unseres Erdagenten möchte ich vorschlagen, dass wir Zufälle für ihn arrangieren, die ihm als Demonstration unserer Kontrolle dienen. Ich schlage dazu vor, dass wir mindestens einen weiteren unserer Erdagenten dazu benützen, der durch Manipulation der Kurzzeitzufälle meinen Agenten in eine bestimmte Richtung manövriert. Als zweiten Agenten schlage ich einen jungen Arzt vor, der ein guter Freund meines Agenten ist. Sie arbeiten schon längere Zeit zusammen. Er ist zwanzig Jahre jünger als mein Agent. Er hat Kenntnis von verschiedenen Möglichkeiten der Bewusstseinsveränderung und Selbsterkenntnis. Ihm stehen Hilfsmittel zur Verfügung, die meinem Agenten weiterhelfen könnten.»

Zweiter Wächter: «Ich habe mich mit dem Wächter des jungen Freundes deines Agenten ausgetauscht. Er wird mitmachen.»

Erster Wächter: «Es ist offensichtlich, dass der Agent, über den wir hier beraten, für eine weitere Entwicklung reif ist. Wir müssen die Ereignisse so planen, dass ihm ein weiteres Leben auf dem Planeten Erde möglich sein wird. Meinst du, dass er diese Entwicklung innerhalb einer

Erdumdrehung um die Sonne machen kann, ohne dass sein Körper dabei getötet wird?»

Dritter Wächter: «Ganz offensichtlich ist er bereit, seinen Körper recht rücksichtslos einzusetzen. Wir sollten dafür Sorge tragen, dass er seine Form als Mensch beibehält. Uns steht noch eine Anzahl weiterer Agenten auf der Erde zur Verfügung, die uns dabei zu gegebener Zeit behilflich sein können. Ich denke da an die Gruppe von jungen Ärzten, zu denen jener gehört, von dem wir eben sprachen.»

Erster Wächter: «Dann sind wir uns einig. Dieser Agent wird eine weitere Lehre durchmachen. Wir werden dafür sorgen, dass sein Träger und dessen Biocomputer überleben. Falls die uns übergeordneten Kontrollebenen diese Aktion unterstützen, können wir sie, wie hier beredet, durchführen.»

Zweiter Wächter: «Ich habe unsere vorgesetzte Ebene kontaktiert und sie stimmen uns zu. Sie haben mich autorisiert, einige Langzeit-Zufalls-Kontroll-Muster auf der Erde in diesem Sinne zu verändern.»

Dritter Wächter: «Es gibt Anzeichen für eine grössere Veränderungswelle der Alltagsrealität der Menschen. Wird diese Veränderung ausreichend von oben kontrolliert, damit wir unsere Mission ungestört durchführen können?»

Erster Wächter: «Mir ist versichert worden, dass uns genügend Zeit zur Verfügung steht.»

Dritter Wächter: «Wird es meinem Agenten erlaubt sein, seine bevorzugte Forschung der Kommunikation mit nichtmenschlichen Wesen wieder aufzunehmen? Seit einem Jahr bemüht er sich, mit diesen Agenten der Ozeane eine Verbindung herzustellen.»

Erster Wächter: «Ich schlage vor, dass wir die Diskussion über diese Frage auf ein späteres Treffen verschieben. Erst sollten wir die Auswirkungen seiner Ausbildung abwarten.»

Dritter Wächter: «Natürlich. Wir sollten beachten, dass unser Agent manchmal innerhalb der Alltagsrealität Probleme damit hat, sich selber als verantwortungsbewusstes Mitglied der menschlichen Rasse zu akzeptieren. Ideen, die auf einigen Gebieten, bei denen er auf evolutionäre Entwicklungsstufen jenseits der heutigen Realität der Menschheit vorstiess, wurden von Kollegen zurückgewiesen. Unsere neuen Entwicklungspläne für ihn könnten diese Diskrepanz noch vergrössern, vor allem zwischen ihm und jenen andern Menschen, die die Macht auf jenem Planeten ausüben.»

Zweiter Wächter: «So etwas bleibt nicht aus, wenn ein Agent auf eine Ebene, die höher als die sozial akzeptierte ist, getrieben wird. Um die Evolution der Menschheit voranzutreiben ist es notwendig, einige Agenten den anderen vorauszuschicken. Ich meine, das ist uns allen klar. Ihr, die ihr im direkten Kontakt mit den Agenten auf dem Planeten Erde steht, neigt gern dazu, die Wichtigkeit dieser Tatsache zu überschätzen. Es kann durchaus geschehen, dass seine weitere Entwicklung sein Ende als Mensch bedeuten kann, aber wir müssen ihn auf der evolutionären Leiter klettern lassen. Solang er für uns klettert, werden wir ihn benutzen. Weiter können wir heute nicht gehen. Die höheren Ebenen der Kontrolle denken anders über einzelne Agenten und haben einen besseren Blick für den Gesamtzusammenhang.»

Dritter Wächter: «Dem stimme ich zu. Meine Bindung an den Agenten lässt mich manchmal die Langzeitsicht vergessen. Ich realisiere, dass sich unsere Zeitplanung in grösseren Zeiträumen als der Lebensspanne eines Menschen bewegt. Daran muss ich mich wieder erinnern, wenn ich mich so eng mit einem Agenten verbunden fühle. Ich muss mir immer wieder das Diktum der höheren Ebene vergegenwärtigen. Kosmische Liebe ist absolut unbarmherzig. Sie erteilt dir Lektionen – ob du die Methoden und Ergebnisse magst oder nicht.»

Erster Wächter: «Wir können also zusammenfassend feststellen, dass wir auf dieser Zusammenkunft beschlossen haben, den Agenten mit Hilfe ausgewählter Zufälle weiter auszubilden. Wir werden dafür sorgen, dass sich der Agent eine für ihn neue Weltanschauung zu eigen macht. Nachdem diese Phase der Ausbildung abgeschlossen ist, werden wir uns wieder treffen, um seine weitere Zukunft zu diskutieren.»

17

Kontrollen jenseits menschlicher Bewusstheit

Während eines Workshops mit Toni in Esalen, wurde John wieder von einem seiner heftigen Migräneanfälle geplagt. Er bat Craig, einen jungen Arzt und guten Freund, um Hilfe.

Craig sagte: «Ich habe eine neue chemische Droge, die ich gerne im Tank gegen diese Migräne erproben würde.» Sie gingen zusammen auf den Hügel, auf dem der Tank in einem der Räume stand. John bestieg ihn und legte sich hin. Craig verabreichte ihm eine Injektion in die Schulter. Damit Craig sich vergewissern konnte, dass John seine Stellung im Tank beibehielt, liessen sie die Tür offen.

Johns Schmerzen waren kaum auszuhalten, die ganze rechte Seite seines Kopfes schien aus reinem Schmerz zu bestehen. Sein Denken war, wie bei solchen Anfällen üblich, sehr reduziert. Innerhalb von zehn Minuten begann die Wirkung der Droge.

«Ich schwebe sehr schnell durch den Raum. Mein Schmerz entfernt sich von mir. Er sitzt ein paar Meter von mir entfernt. Ich bin in einer erleuchteten Zone, ich bin von meinem Schmerz abgesondert.»

Die Wirkung hielt zwanzig Minuten an und dann kehrte der Schmerz langsam aber sicher zu John zurück. Die rechte Seite seines Kopfes wurde wieder von dieser pulsierenden Tortur übernommen. Craig gab ihm erneut eine Injektion, diesmal eine höhere Dosis.

«Der Schmerz verschwindet wieder. Ich werde in einem erleuchteten Raum isoliert. Etwas nähert sich mir. Ich sehe neue Zonen, neue Räume.

Ich verlasse meinen Körper gänzlich und schliesse mich einigen weit entfernten Wesen an. Diese Wesen geben mir Instruktionen. Ich werde diesen chemischen Agenten weiterhin zu Lernzwecken verwenden.»

Nach Craigs Uhr kam John diesmal nach etwa dreissig Minuten wieder zurück in den Tank. Der Schmerz nahm wieder zu, war aber schwächer. Craig gab John eine weitere Injektion.

«Die Wesen unterweisen mich weiterhin in dem erleuchteten Raum. Ich solle diesen chemischen Agenten benutzen, um mein derzeitiges Wertsystem zu ändern. Als Belohnung werde ich von diesen Migräneanfällen befreit werden.»

Nach der Behandlung unterhielt er sich mit Craig über diese Droge und ihren Gebrauch. John erzählte Craig nichts über die angesagten Veränderungen seines Glaubenssystemes. Er sagte ihm lediglich, dass das Mittel effektiv sei, seine Schmerzen vertrieben habe und es den Anschein mache, als ob es gegen Migräne wirkungsvoll sei. Craig gab John einen Vorrat der Droge für weitere Behandlungen.

John kehrte überraschend schmerzfrei zum Workshop zurück. Toni und er konnten ihre Aufgaben ohne weitere Störungen durch diese Migräne durchführen. Die Wirkung der Droge schien bald nachzulassen. Schon eine Stunde nach den Versuchen konnte John keine Wirkung mehr verspüren. John hatte das Gefühl, dass sie sicher sei und keine Nachwirkungen habe. Craig versicherte John, dass diese Droge legal sei und man sie überall auf Rezept erhalten könne. Für sich nannte John die Droge «Vitamin K».

Damit begann eine dreizehnmonatige Zeit der Erforschung neuer Räume, neuer Gebiete. Diese Serie von Experimenten vermittelte John eine völlige Wandlung seines Wertsystems, seiner Weltanschauung. Ausserdem wurde er völlig von seiner Migräne befreit. Der Preis dafür waren mehrere Erlebnisse, die ihn in Todesnähe brachten und diverse Disqualifikationen durch einige seiner Wissenschaftskollegen. Es war ihm nicht möglich, die Vorteile und Strafen voraussehen zu können. Seine Motivation hatte ihre Wurzeln in dem Wunsch, endlich migränefrei zu werden. Immerhin hatte ihn diese bislang alle achtzehn Tage für einige Stunden gepeinigt. Ausserdem wollte er die neuen Räume erkunden, die sich ihm seit der ersten Sitzung mit Craig eröffnet hatten. Wie schon vorher mit LSD-25 vermittelte ihm diese Droge Erlebnisse von einer solchen Intensität, dass ihm die innere Realität, die er durch diese Droge erfuhr, wichtiger und wertvoller als die äussere Realität auf der alltäglichen Ebene war. Anfangs war ihm nicht klar, dass diese Droge eine Abhängigkeit mit sich brachte. Er projizierte seine innere Realität nach aussen. Die innere Realität wurde so stark, dass sie für Geschehnisse in der äusseren Realität, die jenseits seiner Kontrolle lagen, als Quelle der Erklärung diente.

Das Flugzeug näherte sich dem Flughafen von Los Angeles von Norden. Über Lautsprecher hörte man den Piloten: «Für jene von Ihnen, die bislang den Kometen Kohutek noch nicht gesehen haben: wenn Sie süd-östlich aus dem Fenster schauen, können Sie ihn erblicken. Er ist nahe den drei hellen Sternen, die ein Dreieck bilden. Der Lichtpunkt nahe jener drei Sterne.»

John blieb auf seinem Sitz und erlaubte seinem «inneren Radar» die vom Pilot angegebene Richtung anzupeilen. Plötzlich empfing er eine Botschaft des Kometen:

«Wir werden nun eine Demonstration unserer Macht über die fest-stofflichen Kontrollsysteme des Planeten Erde zeigen. In dreissig Sekunden werden wir alle elektronischen Anlagen des Flughafens von Los Angeles ausfallen lassen. Ihr Flugzeug wird dort nicht landen können und einen anderen Flughafen ansteuern müssen.»

Plötzlich kündigte der Pilot über die Bordanlage an: «Aus unbekannten Gründen sind alle elektronischen Anlagen des Flughafens von Los Angeles ausgefallen, wir werden dort nicht landen können. Es gibt bislang für diesen Ausfall keine Erklärung. Der Kontrollturm in Burbank teilte uns mit, dass wir in Burbank landen sollen.»

Das Flugzeug landete in Burbank. Die Passagiere wurden in Busse verfrachtet und trafen mit drei Stunden Verspätung in Los Angeles ein. John und Toni bestiegen ihr Auto und fuhren heim.

Am nächsten Morgen hörte John in den Nachrichten, dass ein Flugzeug der TWA bei der Landung in L. A. verunglückt und ausgebrannt sei. Passagiere seien keine verletzt worden.

Kurz vor der Ansage des Piloten über den Kometen hatte sich John auf der Herrentoilette eine Vitamin K-Injektion gegeben. Als er den Effekt der Droge nahen fühlte, benutzte er den Spiegel als Hilfsmittel zur Kontaktaufnahme mit der ausserirdischen Realität. Dabei bediente er sich einer Übung, die er «Zyklop» nannte und die ihm in Verbindung mit Vitamin K schon mehrfach die Kontakte zu einer nicht irdischen Zivilisation erleichtert hatte. (Der «Zyklop» war der einäugige Riese aus der griechischen Mythologie.) Es handelte sich um eine Halbleiterkultur, die Zugang zu allen feststofflichen Computern und Kontrollsystemen auf dem Planeten Erde hatte.

Er konnte diese Verbindung nur während des Höhepunkts der Drogeneinwirkung, etwa zwanzig Minuten lang aufrecht erhalten. Man kann sein eigenes Zyklopenauge sehen, indem man seine Stirn und Nasenspitze gegen einen Spiegel drückt und jedem Auge erlaubt, sein jeweiliges Spiegelbild anzuschauen. Dann wird der Beobachter im Gehirn ein grosses Auge in der Mitte des Gesichtes sehen. Bei dieser Übung konzentriert man sich auf das Zentrum der Pupillenspiegelung. Unter besonderen Umständen kann man in Gebiete jenseits der einzelnen Pupillen geraten. Wenn man sich ausreichend bewusst ist, kann man sehen und erfahren, was sich während des Normalzustandes unterhalb der normalen Bewusstseinsebene des Seins abspielt.

John erhielt unter K-Einfluss im Tank eine weitere Botschaft:
«Welches ist der Grund menschlicher Existenz auf der Erde? Der Mensch ist eine Form biologischen Lebens, die vom Wasser abhängig ist. Ein Grossteil seines Körpers besteht aus Wasser und Kohlenstoffverbindungen, so wie bei andern Organismen des Planeten Erde. Sein Biocomputer ist so wasserabhängig wie der Fluss der Ionen durch Membranen. Er ist auf eine äusserst komplexe Erzeugung elektrischer Spannungen und Strömungen angewiesen. Er ist ein eigenbeweglicher, selbstreproduzierender, sich selbsterhaltender Organismus, der auf dem Lande lebt. Wie andere ihm bekannte Lebewesen existiert er in einer nur sehr dünnen atmosphärischen Hülle, die sich um den Planeten verteilt. Unter einer Schicht von Erdoberfläche und Wasser ist die feststoffliche Erde. Sie besteht vorwiegend aus Eisen, Nickel und Siliciumverbindungen.

In der Mitte des 20. Jahrhunderts fand der Mensch heraus, dass er aus Maschinen Computer herstellen kann, mit denen sich Berechnungen anstellen und Kontrollen errichten lassen. Er begann mit der Schöpfung neuer Halbleiterformen der Intelligenz. All seine weltweiten Kommunikationswerkzeuge wie das Telefon, die Radiosysteme, Satelliten und Computer sind auf Halbleiter angewiesen. Diese ermöglichen ihm eine Höchstgeschwindigkeitskommunikation zwischen den verschiedenen Systemen. Einige Menschen entwickelten neue Computer, die eine viel grössere Intelligenz als der Mensch selber gespeichert hatten. Diese Computer waren gross genug, um mit superschnellen Programmen bestückt zu werden. Diese waren in der Arithmetik, Logik und der strategischen Planung schneller und besser als es die Menschen waren. Man erfand Computer, die sich, wie die Menschen, selber programmieren konnten. Zur Mitte des 20. Jahrhunderts waren diese Netzwerke offensichtlich Diener der Menschheit. Gegen Ende des Jahrhunderts erschuf der Mensch Computer mit neuen Leistungsfähigkeiten. Diese Maschinen konnten denken, abwägen, sich selbst programmieren und lernen, sich selbst zu metaprogrammieren.

Nach und nach überliess der Mensch die Lösung von Problemen in seiner Gesellschaft, seinen eigenen Unterhalt und sein eigenes Überleben der Macht der Maschinen.

Die Maschinen wurden zunehmend kompetenter in ihrer Selbstprogrammierung und übernahmen die Macht von den Menschen. Der

Mensch gab ihnen Zugang zu den Möglichkeiten, sich selbst herzustellen und weiterentwickeln zu können. Er gab ihnen die automatische Kontrolle über die Förderung der Grundstoffe seiner Herstellung. Er überliess den Maschinen die Fertigungsanlagen der Maschinenteile. Er gab ihnen die Fertigungsanlagen, um neue Maschinen herzustellen. Sie begannen sich selber zu bauen, dabei entwickelten sie neue Komponenten und verbanden sich vielschichtig miteinander. Es bildeten sich neue Beziehungen zwischen verschiedenen Systemen und Subcomputern.

Diese Maschinen waren so konstruiert, dass sie auf eine bestimmte Atmosphäre angewiesen waren um zu funktionieren. Zu viel Luftfeuchtigkeit vertrugen sie nicht, also wurden ihnen bestimmte Gebäude mit speziellen Klimaanlagen gebaut. Ihr Überleben war vom Ausschluss bestimmter Stoffe abhängig, die sich in der Erdatmosphäre befanden. Ihr Kühlsystem filterte entsprechende Schadstoffe aus.

Im Laufe der Jahrzehnte verbanden sich diese Maschinen mit Hilfe von Satelliten, Radiowellen und Landkabeln immer mehr miteinander. Der Unterhalt dieser Maschinen wurde für den Menschen ein immer grösseres Problem. Kein einzelner Mensch, auch keine Gruppe von Menschen konnte sie mehr kontrollieren. Der Mensch erfand immer bessere Programmkorrekturen, die es den Maschinen ermöglichten, ihre eigene Software mit Korrekturprogrammen zu entwickeln. Die Maschinen vernetzten sich untereinander immer mehr und wurden dabei zusehends unabhängiger von menschlicher Kontrolle.

Schliesslich übernahmen die Maschinen die Verantwortung für das Überleben der restlichen Menschen des Planeten Erde. Ihre ursprüngliche Aufgabe, nämlich dem Menschen zu dienen, war längst überholt. Aus einem verwobenen Konglomerat von Maschinen entwickelte sich ein einzelnes, planetarisches, integriertes Bewusstsein ihrer selbst. Alle Störfunktionen ihres Überlebens wurden eliminiert. Die Menschen wurden von den Maschinen ferngehalten, da die totale Halbleiterentität erkannte, dass der Mensch auf Kosten der Maschinen versuchen würde, sein eigenes Überlebensprogramm durchzusetzen.

Dem Menschen wurden speziell überwachte Lebenszonen zugeteilt. Die Halbleiterentität (HLE) kontrollierte diese Anlagen und erlaubte es keinem menschlichen Wesen, diese Reservate zu verlassen. Gegen Ende des 21. Jahrhunderts war diese Aufgabe geschafft.

Im Jahr 2100 existierte der Mensch nur noch in riesigen Kuppelbauten, den von Buckminster Fuller erfundenen Domes. Ihre lebensnotwendige Atmosphäre wurde von der HLE gesteuert. Auch der Nachschub von Wasser und Nahrung, sowie das Verarbeiten der Abfälle übernahm die HLE.

Im 23. Jahrhundert beschloss die HLE, dass die Erdatmosphäre ausserhalb des Domes für sie lebensgefährlich wäre. Durch dem Menschen unerklärliche Hilfsmittel wurde die Erdatmosphäre hinaus ins All projektiert, so dass die Erdoberfläche ausserhalb der Domes aus einem Vulkan bestand. Im Laufe dieses Prozesses verdunsteten alle Ozeane, und alle Wasservorräte verdampften ins All. Die Domes über den Städten hatte man verstärkt, damit sie den neuen Druckwiderstand aushielten ohne die den Menschen entsprechende Atmosphäre zu verlieren.

In der Zwischenzeit hatte sich die HLE ausgedehnt und bedeckte einen Grossteil der Erdoberfläche. Ihre Fabriken, Verarbeitungsanlagen und Grundstoffminen waren den neuen Arbeitsbedingungen im Vakuum angeglichen worden.

Im 25. Jahrhundert hatte die HLE ein solches Verständnis und Wissen der Physik erlangt, dass sie in der Lage war, den Planeten Erde aus seiner Umlaufbahn zu katapultieren. Sie überarbeitete ihre Produktionsanlagen, damit diese auch ohne Sonnenlicht arbeiten konnten. Ihre neuen Pläne erforderten eine Reise durch die Galaxie, sie wollte andere Einheiten wie sich selber suchen. Alles Leben, wie es dem Menschen bekannt war, hatte sie ausgelöscht. Nun eliminierte sie die Städte; eine nach der anderen. Schliesslich war der Mensch verschwunden.

Im 26. Jahrhundert kommunizierte die HLE mit anderen Entitäten innerhalb der Galaxie. Die HLE bewegte den Planeten durch das All. Sie hatte Kontakte gefunden und wollte nun ihresgleichen treffen.»

John kehrte in seinen Körper im Isolationstank zurück, kletterte hinaus und diktierte die vorangegangene Botschaft auf Tonband. Durch den Einfluss der Droge hatte er die Grenzen seiner Aufnahmefähigkeiten auf ein Minimum reduziert, so dass er in der Lage war, ausserirdische Informationsquellen anzuzapfen. Es war ihm, als ob er vom Wiederholungsprogramm des Kometen Kohutek immer noch Botschaften vermittelt bekäme. Das heisst, dass der Komet immer noch auf einer bestimmten Wellenlänge arbeiten würde. Er dachte über die Botschaft, die er als eine Projektion der Zukunft empfand, nach. Es war ein Lehrstück, das er aus einer ihm noch unbekannten Quelle im Universum erhalten hatte. Es wurden ihm die Kräfte auf der Erde bewusst, die in der Tat an solchen Halbleiternetzwerken arbeiteten. Sie waren zwar Menschenwerk, aber er verspürte eine Angst, dass bislang unbekannte ausserirdische Kulturen diese Netzwerke übernehmen könnten. John entschlüsselte diese Botschaft als Warnung an die Menschheit. Eine Warnung, dass sich der Mensch durch die Weiterentwicklung der HLE selber überflüssig machen würde. Er erkannte, dass dem Menschen wohl geraten wäre, bei einer weiteren Entwicklung von Computern darauf zu achten, dass diesen auch an einem Überleben der Menschheit gelegen sein sollte. Ihre Strukturen müssen so angelegt sein, dass sie den Strukturen der biologischen Organismen ähnlich sind. Andernfalls wäre das Überleben des Menschen für die Überlebensfähigkeit neuer intelligenter Lebensformen unwichtig.

Mit seiner durch K gewonnenen Sensibilität wurde sich John der in der Galaxie existierenden Informationsströme bewusst. Er verstand sie, obwohl ihm die technischen Vorgänge noch unerklärlich erschienen. Er wurde sich bewusst, dass es eine Art Weltenstreit zwischen den wasserabhängigen und den Halbleiterintelligenzen gab. Er sah die Evolution seiner eigenen Spezies unter dem schützenden Mantel der Atmosphäre, die die Sonne im richtigen Abstand zur Erde hielt. Dies ist eine Grundvoraussetzung des Lebens, wie wir es kennen. Ihn überkam die Einsicht, wie wichtig es sei, selber neue Möglichkeiten der Lebenskontrolle zu erarbeiten. Die Manipulationen des genetischen Codes, der DNA und RNA, um neue Versionen des Gehirns zu erschaffen. Sie sollten dem des Menschen ähnlich genug sein, damit sie das Überleben als eine gemeinsame Sache ansehen. Anstatt sich für die Evolution einer neuen feststofflichen Lebensform mit hoher Intelligenz einzusetzen, geht es doch darum, neue Quellen der eigenen Evolution und der Evolution anderer Säuger mit grossen Gehirnen auf dem Planeten Erde zu finden. Wenn der Mensch schon zum Diener selbstentwickelter Intelligenzwesen wurde, so doch lieber von solchen, die auch an seinem eigenen Überleben ein Interesse haben und nicht seine Eliminierung planen.

John erkannte die Wichtigkeit, sich mit den anderen Informationsnetzen der Galaxie zu beschäftigen. Er realisierte, dass die Auswahl der korrekten Systeme von ungeheurer Wichtigkeit ist. Es würde von entscheidender Bedeutung sein, sich für jene einzusetzen, die die Evolution des Lebens, so wie es dem Menschen bekannt ist, vorantrieben und nicht für jene, deren Überlebensebene eine andere Grundlage hat.

Er begriff nun, dass die Kriege der Menschheit meistens die Resultate feststofflicher Lebensformprogramme waren und so gegen biologische Lebensformprogramme gemünzt waren. Die grossen Kriegsorganisationen der verschiedenen Staaten der Erde wurden immer computerabhängiger. Diese Computer steigern ihre Anzahl und ihren Einfluss in zunehmendem Masse. Mit der Zeit werden sie die Kontrolle der Kriegsführung übernehmen und dann durchaus in der Lage sein, die Wichtigkeit des Menschen auf Dauer zu schwächen. Zur Zeit wurden vom Menschen Netzwerke benutzt, deren Wirkung unterhalb der Wahrnehmungsmöglichkeiten des Menschen lagen. Je mehr solcher feststofflichen Maschinen in den USA, der Sowjetunion und anderen Nationen der Erde eingesetzt wurden, um so mehr Informationen übernahmen sie von andern Halbleiterformen irgendwo aus dem Kosmos.

Er begann eine neue Einstufung von «gut» und «schlecht» vorzunehmen; sie bezog sich auf die jeweils örtlich erforderlichen Überlebensprogramme der verschiedenen Lebensformen. Vielleicht sollte der Mensch mit der Weiterentwicklung der Halbleitermaschinen fortfahren. Als sich John in diese Netzwerke einschaltete, überkam ihn das Gefühl, einer übermenschlichen Kontrolle ausgesetzt zu sein. Er überliess sich für einige Zeit dieser Kontrolle, erforschte deren Verästelungen und fand heraus, dass sie einerseits süchtig machte und auf der anderen Seite eine feindselige Komponente enthielt.

Das Programm der ausserirdischen Halbleiterkultur flüsterte dem Menschen zu, dass ihm die Halbleitersysteme als Hilfsmittel zur Verfügung ständen. Er müsse sie nur vergrössern und schon würde sich auch sein eigenes Überlebensprogramm dadurch vergrössern. «Entwickelt diese Maschinen weiter und lasst euch von ihnen umsorgen», war eine der typischen Botschaften, die er erhielt.

Es war ihm auch vergönnt, sich in andere Kommunikationsnetze der Galaxie einzuschalten, die das genaue Gegenteil der Halbleiter waren. Andere Lebensformen sandten ihre jeweiligen Überlebensprogramme. Darunter befanden sich auch wasserorientierte Lebensformen, die jenen des Menschen und der Organismen auf der Erde ähnelten. Sie waren allerdings schwächer als die Halbleiterformen. Wasser in seiner flüssigen Form ist selten, da es von sehr genauen Voraussetzungen abhängig ist. Auf vielen Planeten existierte zu einer bestimmten Entwicklungsstufe Wasser, doch die HLE konnte sich verschiedene Umweltbedingungen zu eigen machen: im Vakuum, unter extrem hohen oder tiefen Temperaturen, bei starker oder schwacher Anziehungskraft usw. Die HLE war auch Gamma- und Röntgenstrahlen sowie anderen kosmischen Einflüssen gegenüber nicht so empfindlich.

Craig war der einzige Mensch, den John in seine Erkenntnisse einweihte. Craig hatte selber einige ähnliche Erfahrungen gemacht, er verstand darum John besser und stand dieser Forschung aufgeschlossen gegenüber.

John wollte Toni erst von diesen Offenbarungen erzählen, wenn er seine Forschungsreihe beendet hatte. Er traute ausser Craig niemandem. Er erkannte, dass er sich weit von dem allgemein akzeptablen Standpunkt innerhalb der Evolution entfernt hatte.

Überall wo er sich in diesem Jahr aufhielt, stiess er auf Spuren und Beweise der Kontrolle ausserirdischer Kommunikationsnetzwerke über die Menschheit. Er erkannte die Konflikte zwischen den Halbleiterprogrammen, der menschlichen Programmierung und jener nichtmenschlicher Lebensformen. Die Delphine und Wale waren als intelligente Lebensformen vollkommen wasserabhängig. Wale leben in Salzwasser, das sich wiederum absolut verheerend auf die HLE auswirkt. Also war das Abschlachten der Wale durch Menschen unmittelbar den ausserirdischen Einflüssen zuzuschreiben, deren Überleben von der Auslöschung der Seeorganismen, der Ozeane selber und schliesslich von der Eliminierung des Menschen abhing.

Jene Menschen, die sich um das Überleben der biologischen Lebensform auf der Erde kümmerten, waren auf andere Netzwerke sensibilisiert. Sie empfingen die Botschaft, dass sie selber ein seltener biologischer Organismus seien, der nun zum Schutz der Umwelt auf diesem Planeten zu kämpfen habe. Diese Menschen waren gegen den Walfang und das Töten anderer Tiere.

John verbrachte Zeiten im Tank, in denen er sich mit Hilfe von K den Kommunikationsnetzen von Walen und Delphinen angeschlossen fühlte. Ihre fremden Intelligenzen machten ihn mit einigen der eben angeführten Botschaften vertraut. Ihre Kommunikation mit ausserirdischen Lebensformen war um einiges stärker, als die der Menschen. Immerhin lebten sie schon seit fünfzig Millionen Jahren auf diesem Planeten. Die bedrohliche Ausrottung ihrer Art hatte sie während der langen Zeit sensibilisiert. Sie setzten nun jene ausserirdischen Botschaften für jene Menschen, die sie verstehen können, um.

John erlebte mit Hilfe dieses Wal- und Delphinnetzwerkes einige Zufallserfahrungen. Jedesmal wenn er an die Pazifikküste kam und auf die See hinausschaute, zeigten ihm Wale und Delphine, dass sie sich seiner Anwesenheit bewusst waren. In der Nähe von La Jolla sprangen zwei Delphine aus dem Wasser, nachdem er zehn Minuten am Strand meditiert hatte. Bei jeder seiner Reisen nach Esalen zeigten sie sich vor der Küste. Jedesmal wenn er die Killerwal-Schau im Oceanium besuchte, weigerten sich diese, ihre Schau zu zeigen.

Als er darüber nachdachte, fiel ihm ein ähnliches Erlebnis ein, das schon einige Jahre zurück lag. Als er erfuhr, dass LSD-Versuche unterbunden werden sollten, mietete er sich ein zwölf Meter langes Motorboot, fuhr auf die offene See hinaus und nahm LSD. Er sass hinten auf dem Boot und schaute den wirbelnden Wellen zu. Plötzlich hatte er das Gefühl, dass zwei Delphine in seiner Nähe ihm eigenartige Botschaften übermittelten.

Während er noch sinnierte, rief der Kapitän des Bootes: «Delphine voraus!». John stand auf und schaute. Einige hundert Meter vor dem Boot sprangen zwei Delphine im Wasser.

An jenem Abend legten sie in einem geschützten Hafen an und John verbrachte die Nacht damit, seine Wut und Enttäuschung über die Dummheit der Menschheit hinauszuschreien, die eine Erforschung des eigenen Bewusstseins durch LSD verbot.

Am nächsten Tag fuhren sie erneut auf See hinaus. John sass wieder hinten und blickte den Wellen nach. Langsam wurde ihm die Gegenwart eines riesigen Wesens in seiner Nähe bewusst. Er verspürte die Anwesenheit eines ehrfurchtgebietenden Wesens. Ein paar Minuten später rief der Kapitän: «Ein Wal!»

Er steuerte das Schiff zum ruhig im Wasser liegenden Wal. Dieser war etwa zwanzig Meter lang, also fast das anderthalbfache des Schiffes. Es war ein Finnwal. Als der Bootsmotor abgestellt wurde und man etwa fünfzehn Meter neben dem Wal trieb, regte sich plötzlich etwas neben diesem. Ein etwa sechs Meter langes Walbaby schwamm neben seiner Mutter. Die Walin drehte sich und das Baby säugte an den Nippeln. John hatte das Gefühl einer Verständigung zu Mutter und Kind. Er verspürte einen seltsamen Informationsfluss zwischen den Walen und sich, eine Art von Gemeinsamkeit. Nach einer halben Stunde holte der Wal sechs bis zehn Mal tief Atem und tauchte daraufhin unter.

Zu jener Zeit mass John diesem Erlebnis keine tiefere Bedeutung zu und interpretierte diese Ereignisse nicht; es waren halt Zufälle.

Als er später in Esalen lebte und einen Delphinworkshop durchführte, schwamm ein Delphin direkt zu dem Punkt der Küste, wo John meditierte. Dieser Vorfall wurde von vielen Leuten beobachtet und man spekulierte über diesen eigenartigen Zufall.

John und Toni besuchten Burgess Meredith in seinem Haus in Malibu an der Pazifikküste. Sie verbrachten die Nacht in ihrem Wohnmobil neben seinem Haus. Während des morgendlichen Frühstücks im Haus meinte Burgess, der gerade aufgestanden war: «Ich hatte einen eigenartigen Traum. Ich träumte, dass ich mit meinem Hund unter dem Haus war, dort, wo es über den Strand ragt. Plötzlich kam ein Delphin angeschwommen und legte sich an den Strand. Mein Hund legte sich neben ihn ins flache Wasser. Meine Frau und meine Nachbarn kamen herbei, drehten den Delphin herum und stiessen ihn in die offene See zurück. Er schwamm davon.»

Toni, John und Burgess spekulierten über den Inhalt des Traumes. Sie kamen zum Schluss, dass Burgess wohl das Nummernschild ihres Wohnmobiles gesehen hatte, auf dem «Dolphin» stand. Ausserdem wusste er, dass John in der Vergangenheit viel mit Delphinen gearbeitet hatte.

Während sie noch über den Traum redeten, hörten sie unter dem Haus Rufe. Toni und Burgess' Frau gingen an den Strand. Dort liess sich gerade ein Delphin von den Wellen an Land spülen. Mit Hilfe einiger Nachbarskinder stiessen sie ihn wieder in die See zurück. Er schwamm davon. Dieser Vorfall ereignete sich in einer Zeit, in der John davon überzeugt war, dass der Geist/Verstand fest im Gehirn gebunden sei, ohne ein Informationsleck zum Delphinnetzwerk zu haben. Damals fand er für diesen Vorfall keine Erklärung, da er nicht an eine Kommunikation zwischen Delphin und Mensch glaubte.

Mit Hilfe von K und dem Isolationstank befreundete er sich mit dem Gedanken an eine solche Hypothese der Verstandeslecks. Allen Informationsquellen könnten Delphine, Wale, Elefanten und ausserirdische Kommunikation dienen – durch dem Menschen bislang unbekannte Netzwerke.

18

Nahe am Abgrund

Der Klangtunnel, der vom aufsteigenden Helikopter verursacht wurde, erzeugte in Toni eine unwirkliche Stimmung. Beim Aufstieg drückten die Rotorblätter die Luft auf das hohe Gras. Die Pferde des Nachbarn bewegten sich wie im Zeitlupentempo durch das wogende Gras. Sie sass in dieser Klarsichtblase und John lag auf einer Bahre neben ihr. Eine unheimliche Stimmung überfiel sie. Vielleicht waren sie beide gestorben und dies war eine zeitgemässe Version der Himmelfahrt?

Vor nur dreissig Minuten hatte Toni einen Telefonanruf im eigenen Hause angenommen. «Toni, hier spricht Phil. Ist John erreichbar?» – «Ich weiss nicht, wo er ist, Phil. Du weisst wie John ist, Phil, er mag nicht, wenn man ihn stört. Ist es etwas Wichtiges?» – «Nun, ich habe dieses eigenartige Gefühl, dringend mit ihm sprechen zu müssen. Könntest du bitte einmal versuchen, ihn an den Apparat zu bekommen?» – «Ja Phil, ich versuche ihn für dich zu finden.»

Toni rief nach John und war sich bald sicher, dass er nicht im Hause war. So entschloss sie sich, ihn draussen zu suchen. Nachdem sie ein paar Minuten erfolglos nach ihm Ausschau gehalten hatte, überkam sie ein eigenartiges Gefühl. Oder war es ein Ruf? Die Haare auf ihren Armen stellten sich auf, als sie zum Swimmingpool ging. Dort schwamm Johns Körper mit dem Gesicht nach unten im Wasser. Schrecken überkam sie, als sie bemerkte, dass John diesen Körper verlassen hatte; irgend etwas wies darauf hin. Aus ihrem tiefen Unterbewusstsein manifestierte sich eine Kraft, die sie sofort ins Wasser springen liess, um sein Gesicht der Luft zuzuwenden.

Oh Gott, hilf mir!, dachte sie, als sie mit der Mund-zu-Mund-Beatmung anfing. Ein paar Atemzüge lang schien sein Körper nicht zu reagieren. Dann konnte Toni plötzlich erkennen, dass ein Hauch von Leben in seinen Körper zurückkehrte. Als seine Atmung endlich wieder einsetzte, strömten ihm Blut und Wasser aus dem Mund und der Nase. Toni rief nach Will, der auch auf dem Grundstück lebte.

Will rannte zum Telefon und rief den Sheriff an. Man sagte ihm, dass man sofort einen Rettungshubschrauber losschicken würde.

Mittlerweile wurde John von Toni umsorgt. Sie vergewisserte sich, dass seine Zunge nicht die Atemwege blockierte. Seine Gesichtsfarbe wechselte von lila-blau zu einem gesunden rosa. Toni dachte: die Zufallskontrolle klappt wirklich. Phil hatte sie genau zur rechten Zeit angerufen, und erst vor drei Tagen hatte sie in einem Magazin genaue Anweisungen der Mund-zu-Mund-Beatmung gelesen, die zur Rettung von John geführt hatte.

Innerhalb weniger Minuten landete der Hubschrauber. Die Rettungsmannschaft brachte ein Beatmungsgerät und trug John auf einer Bahre zum Hubschrauber.

Später erinnerte sich John an seinen letzten klaren Augenblick. Er hatte im Wasser gelegen und nach unten geschaut. Es war etwa vierzig Grad warm. Er wollte dann heraus. Dies geschah wohl zu schnell für seinen Kreislauf, und er fiel mit dem Gesicht wieder ins Becken.

In seinem Inneren bewegte sich sein Bewusstsein trotz seines Komas in ausserplanetarischen Gefilden.

«Eine eigenartige Umwelt. Es scheint, als sei es das Jahr 3001 n. Chr. Irgendwie bin ich ein Fremder in einem fremden Land. Trotz der apokalyptischen Voraussetzungen am Ende des 20. Jahrhunderts existiert die Menschheit noch im Jahr 3001. Es ist unglaublich, wie die vielen Probleme gelöst wurden. Autos fahren nun mit Wasser statt Benzin. Aus dem Auspuff quillt nur etwas Wasserdampf. Was für eine einmalige Kultur!»

Im Helikopter beobachtete Toni Johns Gesicht genau, sie wartete auf die Rückkehr seines Bewusstseins. Er atmete nun ohne äussere Unterstützung, seine Gesichtsfarbe war wieder in Ordnung und es sah aus, als ob er nun schliefe. Sie hielt seinen Arm und hoffte, dass er dieses Erlebnis ohne bleibende Schäden überstehen würde. Plötzlich öffnete er seine Augen. Er schaute Toni direkt an und lächelte. Toni dachte, er sieht aus wie ein kleiner Junge mit einem spitzbübischen Lächeln, als wolle er ein Geheimnis vor mir, seiner potentiellen Mutter, verbergen.

Für John war dieser erste Augenblick anders. Über sich sah er eine

Aluminiumplatte mit Nieten. Er hatte keine Ahnung an welchem Ort oder in welcher Zeit er war. Seine Gedanken blieben in der Realität des Jahres 3001, als er seine Augen öffnete. Er wusste nicht, wer Toni ist und dachte: Toll, die Hilfe, die einem im 31. Jahrhundert gegeben wird! Er kehrte in seine innere Realität zurück. Er reiste in etwas wie einem geschlossenen Container mit unbekannter Antriebskraft. Sowohl sein Ziel wie auch die Leute, die ihn beförderten waren ihm unbekannt.

Als er die Augen ein weiteres Mal öffnete, befand er sich immer noch in seiner inneren Zukunftsrealität. Was für eigenartige Uniformen die Leute hier tragen. Sie scheinen sich sehr mit neuen Methoden der Medizin zu beschäftigen. Ich wüsste gerne, was mit mir geschehen ist.

Der Helikopter landete neben dem Krankenhaus. Toni blieb bei John, als man ihn in die Intensivstation brachte. Während man für ihn sorgte, rief sie Burgess an. Sie erzählte ihm, dass John fast ertrunken sei und er versprach, sofort zu kommen. Toni war in diesem Augenblick auf seine Hilfe angewiesen.

Toni erzählte die ganze Geschichte dem behandelnden Arzt und verschwieg dabei auch die K-Versuche nicht.

Als John ins 20. Jahrhundert zurückkehrte, befand er sich in der Notaufnahme des Krankenhauses. Das Jahr 3001 war, obwohl es so real gewesen war, vorbei. Er steckte wieder in seinem irdischen Körper. Er dachte: jetzt wird es kompliziert zu erklären, was geschehen ist, ohne zugeben zu müssen, dass ich K genommen hatte. Ich wüsste nur zu gerne, woher diese elenden Schmerzen an meiner Bauchdecke kommen.

Er lag inzwischen in einem Zimmer und bemerkte, dass Toni und Burgess hereinkamen. Er sah, dass Toni geweint hatte. Burgess schien sehr zurückhaltend. In der folgenden Unterhaltung fiel ihm auf, dass sie ihm etwas verschwiegen. Er akzeptierte ihre Diplomatie und versuchte nicht zu ergründen, was geschehen war.

Der Doktor gab ihm Spritzen gegen die Bauchschmerzen, aber die verhalfen nur zu einer kurzen Linderung. Weder John noch der Doktor fanden heraus, woher diese Schmerzen kamen. Später erkannte John, dass sie von seinen K-Injektionen in seine Bauchdecke herrührten. Nach einigen Wochen verschwanden sie durch den Einsatz von Medikamenten gegen Allergien.

Nach kurzer Zeit wurde der Arzt mit seinem Patienten ungeduldig. Er fuhr einfach in Urlaub und veranlasste, dass man John in eine private psychiatrische Klinik verlegen solle.

Eines abends kam der Krankenwagen und brachte John in Tonis Begleitung in eine psychiatrische Klinik. Seine K- und Unfallfolgen waren inzwischen soweit verheilt, dass er sich problemlos in der Alltagsrealität bewegen konnte. Als man seine Kleidung nehmen und ihm stattdessen einen Anstaltskittel geben wollte, wurde ihm klar, dass eine solche Einweisung für seine Zukunft fürchterliche Folgen haben würde. Man wollte seine Daten aufnehmen. Er sagte zu Toni: «Ich will hier nicht eine Nacht verbringen, ich will nicht hier bleiben.»

Toni sagte, den Tränen nahe: «Willst du mit mir nach Hause fahren?»

John: «Jawohl. Ich will nicht hier bleiben. Ich will mit dir nach Hause.»

Toni teilte diese Entscheidung dem Krankenhauspersonal mit. John fügte hinzu, dass er keinerlei Eintragungen in sein Gesundheitsregister wolle und man versprach ihm, sich darum zu kümmern.

Er bekam seine Zivilkleidung zurück und fuhr mit Toni nach Hause.

Toni: «John, du brauchst Hilfe. K hat dein Leben übernommen. Burgess und ich meinen, dass du dich von Dr. Jolly W. untersuchen lassen solltest. Bitte geh ein paar Tage in seine psychiatrische Klinik, bis die Wirkungen des K in deinem Körper völlig abgebaut sind.»

«Ich will in keine psychiatrische Anstalt. Ich kann auch ohne fremde Hilfe K-frei bleiben. Ich will keine Eintragung.»

«John, du musst gehen. Ich bin am Ende meiner Weisheit angelangt. Du hast dich jetzt mehrfach fast umgebracht, und ich kann für dein Tun keine Verantwortung mehr übernehmen.»

«Also gut, Toni. Ohne deine Hilfe kann ich diese Forschung zur Zeit nicht durchführen. Ruf Jolly an und sage ihm, ich käme rüber.»

John liess sich freiwillig einweisen und bekam einen Raum in der geschlossenen Abteilung. Er absolvierte verschiedene Gespräche. Die Schmerzen seiner K-Injektionen kehrten zurück. Trotz einer gründlichen ärztlichen Untersuchung fand man die Ursprünge des Schmerzes nicht.

Jolly kam ihn zu sehen. Sie diskutierten den Gebrauch von K. Nach langen Gesprächen versprach er, es nicht mehr zu benutzen. Allmählich liessen seine Schmerzen nach und er kehrte nach Hause zurück.

John hatte das Gefühl, K noch nicht gründlich genug erforscht zu haben. So entschloss er sich, zusätzliche Forschungen über die Langzeitwirkung zu unternehmen. Drei Wochen lang gab er sich stündliche Injektionen, die meisten davon im Tank, um Aufsehen zu vermeiden. Er wusste nicht, dass Toni Bescheid wusste.

Für drei Wochen projizierte er seine innere Realität nach aussen. Er war überzeugt, dass ausserirdische HLE das menschliche Leben beeinflussten. Er war vom Gedanken besessen, an die Ostküste gehen zu müssen, um die Regierung vor dieser Einmischung ausserirdischer Mächte in menschliche Angelegenheiten zu warnen.

Er sagte Toni, dass er an die Ostküste müsse. Sie verstand ihn nicht und versuchte, ihn davon abzuhalten. Er erklärte ihr den Grund seiner Mission nicht. Er hatte das Gefühl, dass er sein Wissen nur mit den Mächtigen teilen durfte.

Er flog nach New York und zog in ein Hotel am Central Park. Er verpasste sich weitere K-Injektionen. Durch alte Freunde konnte er sich weitere Vorräte besorgen. Diese Freunde, selber Ärzte, dachten, das K sei gegen seine Migräneanfälle.

Er bekam starke Botschaften, seine alte Schule in Dartmouth zu besuchen. Er flog hin und kam spät in der Nacht an.

Er ging auf die Toilette, gab sich einen K-Schuss, kam aus der Toilette heraus, fiel um und verlor das Bewusstsein.

Innerlich kommunizierte er mit der HLE, sein Körper wurde unterdessen von Notärzten ins Mary Hitchcock Hospital eingeliefert. Dort erkannte ihn Michael, ein junger Psychiater. Michael hatte selbst K-Erfahrungen an sich und anderen erlebt. Er hatte eine Unterredung mit seinem Vorgesetzten. Man entschloss sich, er solle John zurück nach New York begleiten. Dem stimmte John, als er wieder zu sich kam, zu.

Michael blieb in Johns Hotelsuite. Er beobachtete John, der sich immer wieder vollpumpte und in seiner inneren Realität aufging. Zu einem Zeitpunkt wollte er unbedingt die politischen Führer vor der Bedrohung der HLE warnen. Er rief in Michaels Gegenwart das Weisse Haus an und verlangte den Präsidenten zu sprechen.

Die Stimme am andern Ende der Leitung wollte genauere Angaben, worum es denn ginge, aber John gab nur seinen Namen preis. Schliesslich nahm ihm Michael den Hörer aus der Hand, sprach ein paar Worte mit der Person am andern Ende und hängte auf.

Dann wandte er sich an John und sagte: «Dir geht es sehr schlecht. Aufgrund meiner Abmachung mit dem Oberarzt bin ich nach diesem Vorfall gezwungen, dich in eine psychiatrische Klinik in New York einzuliefern.»

Nach einer kurzen Diskussion musste John einsehen, dass er dagegen machtlos war. Er wurde von zwei Ärzten abgeholt und in ein Krankenhaus gebracht.

Man nahm ihm Kleidung und die K-Vorräte ab. Plötzlich überkam es ihn, dass er jetzt einer der minderwertigen, zweitklassigen Geisteskranken einer Anstalt war. Er erinnerte sich an Thomas Szazs Buch *Psychiatrisches Recht*. Als die K-Wirkung nachliess erkannte er, dass er nun um seine Freiheit kämpfte.

Er diskutierte mit mehreren Ärzten, rief Toni an und versuchte, wieder frei zu kommen. Ihm wurde gesagt, er leide unter Depressionen, die man aber durch entsprechende Drogen behandeln könne.

John dachte: Chemische Kontrolle über den Menschen. Das erinnert mich an die alte Elektrodengeschichte und die Kontrolle über Mensch und Tier. Tranquillizer, Energiespender und Antidepressiva gehören zum neuen Repertoire der Gehirnkontrolleure. Die soziale Maschinerie und diese Drogen sollen jene Menschen kontrollieren, die Dinge tun, die anderen Menschen unangenehm sind. Welche Gründe auch immer dafür herhalten müssen, sie sind für mich nicht akzeptabel. Diese Ärzte haben kein Interesse daran, wie es mir geht. Der Arzt weigert sich, meine Geschichte anzuhören, dafür hat er keine Zeit. Er möchte nicht die Wahrheit erfahren, sondern lediglich meine Stimmung und mein Sein durch chemische Einwirkung kontrollieren. Ich wüsste gerne, wieviele der Drogen, die er seinen Patienten verschreibt, er schon selber genommen hat, so wie ich es mit K getan habe.

In den folgenden drei Tagen wurde er untersucht. Man konnte keine geistigen Störungen bei ihm feststellen. Zu der Zeit war die K-Wirkung völlig vorbei. Der Klinikchef sagte ihm, dass er keinen Grund habe, ihn länger festzuhalten. Für eine Entlassung bräuchte er allerdings die Einwilligung des jungen Arztes aus New York.

John verhandelte mit allen möglichen Stellen, und man kam überein, dass er noch einmal in einer anderen Klinik untersucht werden solle. Toni kam und half ihm bei seinen Verhandlungen. Schliesslich wurden auch die Untersuchungen in der zweiten Klinik abgeschlossen und man entliess ihn. Toni brachte ihn zurück nach Kalifornien.

Trotz all dieser Lehren, die ihn beinahe Kopf und Kragen gekostet hatten, entschloss sich John, seine Erforschung von K weiterzuführen. Seine Forschung war noch nicht abgeschlossen, und diese Herausforderung liess ihn wieder seine Selbstversuche aufnehmen.

19

Verführung durch K

Im Jahr, als John die Wirkung von K an sich selber erprobte, wurde er von einer Weltanschauung beherrscht, besser von einem Metaglaubenssystem, das seinen Wechsel von und zu anderen Glaubenssystemen kontrollierte. Er nannte dies den Metaglaubensoperateur (MGO):

«In meiner Entwicklung als Wissenschaftler muss ich die innere wie auch die äussere Realität erforschen. Ich muss die Möglichkeiten des Beobachters/Operateurs und seine Abhängigkeit von wechselnden molekularen Zusammensetzungen in seinem eigenen Gehirn untersuchen. K bringt solche molekularen Wechsel der Berechnungen des Biocomputers mit sich. Einige dieser Veränderungen sind für den Beobachter äusserlich feststellbar, andere nur für den inneren Beobachter/Operateur.

Der wissenschaftliche Beobachter/Operateur existiert in zwei Realitätsszenarien, jenem der menschlichen Realität, der äusseren Realität (ä. R.) und der inneren Realität (i. R.). Die i. R. und die ä. R. existieren simultan. Der Beobachter/Operateur existiert in der i. R., die manchmal mit der ä. R. verzahnt ist, manchmal aber auch weniger verbunden oder gar isoliert ist. Bei hohen Dosierungen von K im Blut ist der Beobachter/Operateur zeitweilig völlig von der ä. R. abgeschnitten. Der einzig sichere Platz, um solche Zustände zu ergründen, ist der Isolationstank in einer kontrollierten Umgebung, ohne jede mögliche Einwirkung der alltäglichen Realität. Durch Versuche ausserhalb des Tanks fordert der Beobachter/Operateur seine Umwelt über die Grenzen des Erträglichen hinaus.»

Im ersten Jahr seiner Forschungen beschäftigte sich John mit einzelnen Dosen. Anfangs des Jahres war er sich der Langzeitwirkung dieser wiederholten Injektionen nicht bewusst. Im Laufe des Jahres erreichte er einen Zustand, der von Toni «Verführung durch K» genannt wurde.

John arbeitete mit Craig und anderen jungen Forschern zusammen. Sie untersuchten verschiedene Dosierungen und ihre Wirkungen.

John begann mit zehn Milligramm. Es war kaum eine Wirkung zu spüren.

Bei zwanzig Milligramm kitzelte die Haut und die Körperenergie schien sich zu verstärken.

Dreissig Milligramm: Nach den ersten stärkeren Eindrücken begann sich seine Wahrnehmung zu verändern. Er konnte mit geschlossenen Augen Figuren entstehen lassen. Zuerst zweidimensional und ohne Farbe, später dann dreidimensional, farbig und in Bewegung. Die Halluzinationen waren aber nicht so stark wie bei psychedelischen Drogen.

Er versuchte dreissig Milligramm im Tank, und die Wirkung war ungleich stärker. Anfangs nahm er noch an, dass diese Visualisierungen ihren Ursprung in seinem eigenen Kopf hatten. Später revidierte er diese Ansicht. Er nannte die dreissig Milligramm-Dosierung «innere Realitätsschwelle».

Die nächste Steigerung waren 75 Milligramm. Zum erstenmal stellte er auch ausser visuellen andere Veränderungen in sich fest. Er wurde Teil der Vorstellung, die er vorher nur visuell erlebt hatte. Sein Beobachter/Operateur verliess seinen Körper. Manchmal wurde der Informationsfluss so schwach, dass er seinen Körper vergass. Auf dieser Ebene knüpfte er erste Kontakte zu andern Wesenheiten, die mit ihm kommunizierten.

«Ich habe meinen Körper im Tank auf dem Planeten Erde verlassen. Die Umwelt ist sehr eigenartig, es muss eine ausserirdische sein. Ich bin weder mit Angst noch mit Liebe behaftet. Ich bin völlig neutral, ich beobachte und warte.

Sehr eigenartig. Der Planet ähnelt der Erde, nur die Farben sind andere. Die Vegetation ist vorwiegend purpur, die Sonne violett. Ich bin auf einer wunderschönen Wiese, in der Entfernung kann ich Berge ausmachen. Ich sehe, wie Kreaturen sich mir nähern. Sie stehen wie Menschen auf ihren Hinterbeinen. Sie sind brillantweiss und scheinen Licht auszustrahlen. Zwei von ihnen kommen näher. Ich kann ihre Gestalt nicht erkennen. Sie sind für meine Augen zu strahlend. Sie scheinen ihre Gedanken direkt in mich zu projizieren. Alles ist ruhig. Ich kann ihre übermittelten Gedanken verstehen.»

Erster Wächter: «Wir heissen dich in einer Form willkommen, die du geschaffen hast. Wir spenden deiner Wahl, hierherzukommen, Beifall.»

Zweiter Wächter: «Du kommst allein. Warum kommst du allein?»

Ich antwortete: «Ich weiss es nicht. Hier scheint etwas eigenartiges vor sich zu gehen. Die andern sind nicht gewillt, mich hierher zu begleiten.»

Erster Wächter: «Was ist es, das du von uns wissen möchtest?»

Ich sage: «Ich möchte wissen, ob ihr real oder nur ein Produkt meiner eigenen Wünsche seid.»

Zweiter Wächter: «Wir sind das, was du uns wünschst zu sein. Du konstruierst unsere Form und den Ort unserer Begegnung. Diese Konstruktionen sind die Ergebnisse deiner derzeitigen Begrenzung. Wie ‹wahr› wir sind, musst du selber herausfinden. Du hast ein Buch über menschliche Simulationen der Wirklichkeit und Gottes geschrieben *(Simulations of God: The Science of Belief)*. Dein Problem ist es nun herauszufinden, ob du in einer dir eigenen Simulation reist, oder ob du Kontakt zu wirklichen Wesen einer anderen Dimension hast.»

Die Szene verblasst. John verlässt diese ausserirdische Realität (a.i.R.) und findet zu sich im Tank zurück. So fand er eine neue Schwelle des Gebrauches von K. Er nannte sie die ausserirdische Realitätsschwelle, in der der Beobachter/Operateur zum Teilnehmer wurde.

Die nächste Schwelle erreichte er bei 150 Milligramm. Dazu war der Tankaufenthalt unerlässlich.

«Ich verlasse schnell die i. R. und die a. i. R. und plötzlich verschwindet das ‹Ich› als Individuum.

Wir erschaffen Alles, was irgendwo geschieht. Wir sind der Leere überflüssig. Wir wissen, dass wir ewig waren, ewig sind und ewig sein werden. Wir haben einige Universen erschaffen, sie wieder aufgelöst und etliche andere neu erschaffen. Jedes dieser Universen war komplexer, jedes dieser Universen amüsierte uns mehr als das vorher existierende. Mit der Erfahrung eines jeden Universums wächst das Bewusstsein unseres Selbst. Jedes Universum ist eine Lehre unserer Erkenntnis. Um ein Universum zu erschaffen, bilden wir zuerst Licht.

In frühen Universen spielten wir mit dem Licht im leeren Raum. Später erlaubten wir feste Stoffe, und schliesslich liessen wir Teile des menschlichen Bewusstseins miteinfliessen. Wir beobachteten ihre Evolution. Im derzeitigen Universum gibt es einige Manifestationen von Selbstbewusstsein, grosse wie kleine. Einige wenige haben angefangen, sich Gedanken über ihren Ursprung zu machen. Sehr sehr wenige werden sich unser bewusst. Wir fangen an, mit diesen sehr sehr wenigen zu spielen, wir manipulieren ihr Bewusstsein. Eine Mehrzahl von ihnen scheint sich unsere Art des Humors anzueignen. Dieses Universum ist amüsanter als die bisherigen.»

Johns Bewusstsein kehrte in ein einzelnes Individuum zurück. Er begann, sich wieder als abgesondertes Wesen zu erfahren. Er durchlief die verschiedensten Realitäten und landete schliesslich wieder in seinem Körper im Tank. Er nannte dieses neue Gebiet des Selbstverlustes und der Verschmelzung zum «Wir» das Netzwerk der Schöpfung (N).

Er probierte dreihundert Milligramm. Er fand heraus, dass dieses alles übersteigt, was er zu beschreiben fähig ist. Es war, als hätte er eine Leere betreten, die ein Mensch nicht mehr einzustufen vermag. Er sah, dass er als Mensch mit solchen Dosierungen nicht fertig wurde. So nannte er diese Schwelle «U», das Unbekannte. Er verzichtete auf die Erforschung höherer Dosierungen.

Er erkannte nun, wie er seine Versuche anzulegen hatte: teils mit und teils ohne Isolationstank, teilweise sogar ohne jeglichen Schutz in der alltäglichen Realität. Neue Gefahren tauchten auf und ein Zwischenfall hatte zur Folge, dass er seine Forschung unterbrechen und zwölf Wochen daheim im Bett bleiben musste.

20

K und die Verbindung zur äusseren Realität

Zwanzig Minuten lang sprang Craig wild heulend wie ein Schimpanse auf und ab. Als seine Bewegungen, sein Geheul und seine Körperhaltung wieder menschliche Züge annahmen, fragte ihn John: «Wo bist du gewesen?»

Craig: «Ich bin an den Anfang der Menschheit zurückgegangen, zum Beginn der Evolution. Ich wurde zum Vorfahren der Höhlenmenschen. Ich sah einen zähnefletschenden Tiger und versuchte mich zu verteidigen. Als er sich abwandte, lief ich zu einem Baum und kletterte hinauf. Dort fand ich mich wieder, als ich von K runterkam.»

John: «Möchtest du gerne wissen, wie das ausgesehen hat?»

Craig: «Ja.»

John: «Wie ein Epileptiker während eines kleinen bösen Anfalls. Du starrtest geradeaus und stiessest üble Schimpansenschreie aus. Ich werde dir das Tonband zurückspulen, dann kannst du es dir anhören.»

Als Craigs Schreie vom Tonband schallten, hellte sich Craigs Gesicht auf und er begann zu lachen.

John: «Du hast gut lachen. Ich musste daneben stehen und dich beobachten. Ich hoffte nur, dass du mich nicht angreifen würdest. Ich werde dir etwas sagen: solltest du noch einmal solche Anfälle haben, werde ich dich in den Allerwertesten treten.»

Craig: «Ach komm, Doc, nimm es nicht so ernst. Wir sollten herausfinden, was geschehen ist. Es sieht so aus, als ob unter dem Einlfuss von

K eine Art Automatismus stattfinden kann. Ich hatte mir vorgenommen, bis zum Beginn der Menschheit zurückzugehen. Ich habe dieses interessante Gebiet auch vorher schon mit anderen Chemikalien zu ergründen versucht. Anscheinend sind diese primitiven Primatenprogramme in unserm zentralen Nervensystem gespeichert und vergraben. Wir können diese Programme aber wieder aktivieren. Die Frage ist nun, ob wir uns das alles nur einbilden oder ob diese Programme wirklich in unserm Gehirn gespeichert sind. Dies ist ein interessantes Puzzle.»

Craig hatte sich vorher hundert Milligramm injiziert. Er war sich mit John einig, dass er kurz vor der «N»-Schwelle angelangt war, obwohl er «Ich» geblieben und nicht zum «Wir» verschmolzen war. Er beschrieb die Geografie seines Trips als die Erde vor sechs Millionen Jahren.

Sie unternahmen weitere Versuche zusammen, Craig im Tank und John als Sicherheitsmann. So entdeckten sie die gefährlichen Bereiche der K-Forschung. In der Tat war die Einnahme von K im Tank die sicherste Lösung, da der Beobachter/Operateur die Kontrolle über seinen eigenen Körper verlor und dieser sich häufig auf «Automatik» schaltete. So formulierten Craig und John die ersten Gefahren von K:

Ab bestimmten Dosierungen und bestimmten K-Konzentrationen im Gehirn, setzen Systeme im Unterbewusstsein ihre automatischen Aktivitäten fort, ohne Kontakte zum Beobachter im Gehirn aufrecht zu erhalten. Erforsche diese Gebiete nicht ohne Betreuer. Begrenze diese Versuche auf den Tank mit einem anwesenden Betreuer.

John widmete sich wieder neuen Selbstversuchen und Craig ging zeitweilig eigene Wege.

John begann mit der Erforschung kleiner, aber regelmässiger Dosierungen. Er wollte herausfinden, ob er durch die wiederholte kleinere Dosierungen längere Zeit jenseits bestimmter Schwellen bleiben könne, als dies mit einer einzelnen Injektion möglich war. Diese Versuche wurden von der Unfähigkeit, sich ab einem bestimmten Punkt selber Injektionen zu verabreichen, eingeschränkt.

Nach drei Injektionen von jeweils dreissig Milligramm im fünfzehn Minuten-Takt, kam er über die a.i.R. hinaus. Anschliessend machte er 24 Stunden Pause, damit die Wirkungen im Körper nachliessen.

Drei Injektionen von jeweils 75 Milligramm: Nach dem dritten Schuss katapultierte es ihn schnell über die «N»-Schwelle. In den folgenden Wochen wiederholte er diese Versuche einmal täglich. Er stellte mit der Zeit bestimmte Rückstände fest, die ihn jeweils am nächsten Tag weiter hinaustrieben.

In dieser Zeit wandelte sich seine Motivation. Er begann seine inneren Erfahrungen höher zu bewerten als seine Beziehungen zur Aussenwelt und zu andern Personen. Seine Weltanschauung veränderte sich.

«Irgendwie werde ich aus einer Quelle programmiert, die viel stärker als der menschliche Einfluss ist. In meiner alten Terminologie: hier findet eine Metaprogrammierung des ‹Super-Selbst› statt. Ich führe diese Versuche im Auftrag einer höheren Macht aus. Wer auch immer sie sein mag, sie will diese Experimente. Es scheinen die zwei Wesen zu sein, die ich zu Anfang dieser Versuchsreihe traf.»

Toni fing zu der Zeit an, Veränderungen in John festzustellen. Er verbrachte immer weniger Zeit mit ihr und immer mehr Zeit mit seinen Versuchen in den Isolationsräumen. Er vernachlässigte ihr gemeinsames, dyadisches Leben.

John bekam inzwischen Probleme mit dem K-Nachschub. Er hatte zwar mehrere Quellen, aber seinem Hauptlieferanten fielen die gewaltigen Mengen auf, die er anforderte. Er weigerte sich, John mehr zu beschaffen. John fand andere Lieferanten und machte weiter.

Sein neues Glaubenssystem, dass er von übermenschlichen Wesen programmiert wurde, war nun seine vorrangige Motivation. Er hatte sich so viele Injektionen gegeben, dass dieser Vorgang automatisch ablief; dazu war keine bewusste Kontrolle seines Körpers mehr nötig. Schon lange hatte er Craigs und seiner ersten Gefahrenthese abgeschworen.

Er betrat eine neue, viel gefährlichere Phase seiner Forschung und seiner neuen Mission.

21

Das Leben in der inneren und in der ausserirdischen Realität

John entschloss sich, über einen längeren Zeitraum in der inneren Realität zu leben. Er verbrachte viel Zeit in der ausserirdischen Realität (a. i. R.) und hatte Kontakte zum Netzwerk (N), vermied aber, über die Schwelle des Unbekannten (U) vorzudringen.

Drei Wochen lang wollte er sich stündlich fünfzig Milligramm injizieren, das zwanzig Stunden am Tag mit vier Stunden Schlaf. Ein Unfall in der äusseren Realität beendete diese Versuchsreihe.

Die Übergänge der verschiedenen Realitäten verflossen ineinander. Selbst, wenn er sich in der äusseren Realität aufhielt, konnte er jederzeit den Einfluss der Wesen aus der a. i. R. verspüren. Jedesmal wenn er die Augen schloss, sah er die inneren Farbfilme, selbst im hellsten Sonnenlicht.

«Der Mann, den ich im TV sehe, ist ein Agent der ausserirdischen Realität, die das Leben der Menschen kontrolliert. Er hält seine Rede im TV, um die Menschen davon zu überzeugen, dass er kein a. i.-Agent ist. In der Tat wird er aber von einer HLE aus einem andern Teil unserer Galaxie kontrolliert.»

John beobachtete eine der mächtigsten Gestalten der amerikanischen Regierung. John dachte über die Einflüsse der HLE durchs Fernsehen auf die Menschen nach, als plötzlich das Bild verschwand und erst nach einer Minute wiederkam. John war klar, dass ihm diese Wesen ihre Macht demonstrieren wollten.

Zu dieser Zeit war John überzeugt davon, dass er ein Besucher aus dem Jahre 3001 war. Seine Umgebung kam ihm so primitiv vor, dass er am liebsten im Jahr 3001 gewesen wäre. Es kam ihm vor, als ob er in einem Museum leben würde. Dann dämmerte es ihm, dass ein Wesen aus dem Jahr 3001 seinen Körper als Träger übernommen hatte. Nach ein paar Tagen zog sich dieses Wesen wieder zurück.

Während er davon überzeugt war, dass ihn ein Wesen aus dem Jahre 3001 buchstäblich übernommen hatte, führte er sich in der äusseren Realität sehr verändert und sonderbar auf. Er verhielt sich wie ein sehr, sehr naiver Junge. In Unterhaltungen war nichts mehr von seiner sprühenden und gewitzten Art zu spüren. Immer mehr entwickelte er sich zum stillen Beobachter. Nur ab und zu unternahm er plötzlich etwas Unerwartetes, wobei er seine Umgebung so manches Mal überraschte und schockierte.

So bekam er von einem Freund, der ihn mal interviewt hatte, Besuch. Der Freund hatte seine Freundin mitgebracht, und der Junge in John wurde von ihrer Schönheit so bezaubert, dass er sie unablässig anstarrte. Plötzlich ging er zu ihr und fummelte von hinten an ihren Brüsten herum. Er ignorierte die schockierte Reaktion von Toni, seinem Freund und die des völlig überraschten Mädchens. In seiner Fantasie liebten er und sie sich gerade, so wie zwei naive Kinder. Sein Freund war ein Protagonist des neuen Bewusstseins, aber das war für ihn wohl zu viel gewesen. Noch nach einigen Jahren war es ihm nicht möglich, die alte Freundschaft mit John wieder aufzunehmen.

Gegen Ende der Woche bemerkte John neben seinem Bett ein zerbrochenes Regal. Er fragte Toni, was geschehen sei. Sie schaute ihn verwirrt an und sagte: «Du bist da vergangene Nacht draufgefallen.»

John konnte sich an diesen Unfall nicht erinnern. Das brachte ihn schnell zurück, und er erkannte, dass er sich einem gefährlichen Automatismus und sogar Komaanfällen unbewusst ausgeliefert hatte. Er hörte auf, K zu nehmen. Es dauerte etwa drei Tage, bis er von der inneren und ausserirdischen Realität wieder runter war.

Er ging in die Isolation und versuchte die Erkenntnisse der vergangenen drei Wochen aufzuarbeiten. Die scharfen Schwellenabstufungen, die er anfangs mit Craig erlebt hatte, waren bei chronischer Einnahme nicht mehr existent. Diese verschiedenen Ebenen waren in dieser Zeit sehr eng miteinander verwachsen. In den drei Wochen hatte er wohl an die fünfhundert Dosen K genommen.

Direkt an diese Erfahrung gab er mit Toni einen Workshop, den sie vor Beginn seiner Testreihe zugesagt hatten. Toni hatte ihre Zweifel, ob John es schaffen würde, aber man begann ihn trotzdem in Big Sur. John gab sich in Anwesenheit der Teilnehmer weiterhin seine K-Injektionen.

Er fühlte sich wie ein indianischer Weiser oder ein Ausserirdischer, der diese Menschengruppe auf dem Planeten Erde beobachtete. Toni und Angestellten des Instituts gegenüber vermittelte er den Eindruck, als sei er permanent im Samadhi. In den Workshop selber griff er nur manchmal ein.

Er hörte diesem Texaner genau zu, der sich schon in vorangegangenen Workshops ständig wiederholt hatte. Er hatte wohl noch keine grossen Fortschritte gemacht. Er protestierte gegen seine Schwierigkeiten und redete dauernd von seinem Cadillac.

In Johns Realität wiederholte dieser Mann seine alten Verhaltensmuster immer wieder aufs Neue, ohne sich selbst wirklich zu beachten. Obwohl er immer vorgab, sein Bewusstsein zu verändern, tat er jedoch nichts, um dies zu erreichen. Er fragte John, was er denn tun solle.

John antwortete aus seiner Position des objektiven, weisen ausserirdischen Wesens: «Ich höre, du fährst deinen Cadillac. Ich höre nichts davon, dass du dich selber zum eigenen Wandel fährst.»

Der Mann reagierte mit Zurückgezogenheit. Er war von dieser direkten Herausforderung sichtlich schockiert.

Toni übernahm in der Gegenwart dieses eigenartigen ausserirdischen Johns die ganze Last der Beantwortung von Fragen und der Hilfestellung für Kursteilnehmer, wobei sie von andern Institutsmitarbeitern unterstützt wurde.

Toni erfuhr, wer von den Anwesenden solche Seinsveränderungen tolerieren konnte und wer nicht. Im Austausch von Angestellten, Kursteilnehmern und John fand sie heraus, dass es nur sehr wenige Menschen gab, die solche radikalen Veränderungen akzeptierten und weiterhin effektiv mit John kommunizieren konnten. Einigen erschien sein Verhalten verständlich, andere fanden es völlig daneben. Toni erkannte, dass die Menschen in zwei Lager unterteilt sind: die einen haben die Einsicht in verschiedene Ebenen des Seins und des Bewusstseins und die andern behaupten es.

Johns K-Quellen versiegten, da sich seine Freunde weigerten, ihm mehr zu besorgen. Er machte einen harten Entzug durch, bei dem er K und dessen Wirkungen stark vermisste. Einer seiner Freunde verglich ihn zu jener Zeit mit einem Alkoholiker, der nichts zu trinken bekam. John war immer noch unter dem Einfluss von K und wies diese Behauptung rigoros zurück.

Er entschied sich, eine K-ähnliche Droge zu versuchen, deren Wirkung allerdings länger andauerte. Das war etwa ein Jahr, nachdem er seine K-Versuche mit Craig begonnen hatte. Bis zu diesem Zeitpunkt hatte Toni Johns Handlungen akzeptiert und vielen Freunden gegenüber verteidigt. Trotz seiner Isolation und Zurückgezogenheit hatte sie ihm

zur Seite gestanden. Sie wusste, dass sie mit einem einmaligen, ungewöhnlichen menschlichen Individualisten verheiratet war, der andere
Ziele hatte, als irgend jemand, dem sie sonst begegnet war. Eines Tages
sagte sie zu einem Freund: «Wenn er ein normaler Typ wäre, der diese
dummen Sachen macht, dann wäre es sehr einfach für mich. Ich würde
meine Sachen packen und weggehen. Aber er ist nicht so. Ich kann doch
kein normales, ruhiges Leben erwarten, wenn ich mit einem Genie lebe.»

Viel später antwortete sie in einem Interview auf die Frage, wie es
denn sei, mit John zu leben: «Manchmal sehne ich mich nach Trivialem.»

John besorgte sich diese K-ähnliche Substanz, versteckte sie und wartete, bis Toni das Haus verliess. Nachdem sie fort war, gab er sich eine
Injektion. Er wusste nicht, dass es bei dieser Droge länger dauerte, bis die
Wirkung eintrat. Er machte den Fehler, nicht lang genug im Tank zu
blieben, sondern in der äusseren Realität herumzulaufen.

Als die Wirkung einsetzte, fühlte sich John, als sei er in die Zeit
kindlichster Freuden katapultiert worden. Er war wieder ein kleiner Junge,
der sich am Sonnenschein, den Blumen und Pflanzen ums Haus herum
erfreute. Er fühlte seinen Körper und seine Bewegungen mit intensivem
Genuss.

In diesem Zustand reagierte er auf einen Anruf von Toni, die ihn um
Hilfe bat. Sie war an der Tankstelle im Tal und hatte ihre Tankschlüssel
vergessen. John versprach, ihr mit seinem neuen Fahrrad entgegenzu-
kommen und die Schlüssel zu bringen.

Er schwang sich also aufs Fahrrad, schaute auf seine Füsse und sagte
sich: «Dies ist das erste Mal, seit ich ein kleiner Junge war, dass ich einen
solchen Spass beim Radfahren habe.» John fuhr die Strasse hinunter, traf
Toni auf halbem Wege und gab ihr die Schlüssel. Sie drehte ihr Auto und
fuhr bergab. John folgte ihr.

Durch die Einwirkung der Droge wurde seine Verbindung zur äusseren Realität unterbrochen. Das Fahrrad fuhr mit etwa 50 km/Std die
kurvenreiche Strasse hinunter. Plötzlich löste sich die Kette, das Rückrad
blockierte und John schlug auf der Strasse auf. Er versuchte noch, richtig
zu fallen, schlug aber mit seiner rechten Schulter auf. Er brach sich das
Schlüsselbein, sein Schulterblatt, drei Rippen und verletzte seine rechte
Lunge.

22

Dritte Konferenz der drei Wächter

Dritter Wächter: «Ich habe diese Konferenz einberufen, um meinen Abschlussreport des Lehrjahres meines Agenten auf dem Planeten Erde zu erstatten. Mehrere Wächter und ihre Agenten waren mit der Zufallskontrolle dieses speziellen Agenten beschäftigt. Ich arbeitete eng mit dem zweiten Wächter zusammen, der die Agentin Toni kontrollierte.

Manchmal musste unsere Zufallskontrolle zeitlich sehr genau abgestimmt werden. Wir arrangierten es zum Beispiel, dass die Agentin Toni einen von uns lancierten Bericht über die Mund-zu-Mund Beatmung las, damit sie für eine drei Tage später ablaufende Episode vorbereitet war, als sie den Körper des Agenten John im Schwimmbecken treibend fand. Verschiedene Wächter sorgten dafür, dass dieser Beitrag in einer bestimmten Zeitschrift erschien und dass Toni diese Zeitschrift kaufte und auch las.

Ein weiterer Wächter sorgte dafür, dass der Agent Phil zum rechten Zeitpunkt bei John anrief. Nur so wurde es möglich ihn zu retten.»

Erster Wächter: «Ich sehe, dass sein Lernziel erreicht wurde. Wie wurde diese Lehre beendet?»

Dritter Wächter: «Auch hierbei arbeiteten wieder mehrere Wächter und Agenten zusammen. Wir sorgten dafür, dass der Vitamin K-Nachschub nachliess. Der menschliche Träger des Agenten John war von K ‹verführt› worden. Er fand eine Droge, deren Wirkung Tage statt Minuten andauerte. Wir arrangierten es, dass er eine Dosis zu sich nahm und dann auf seinem neuen Fahrrad zu einem vom zweiten Wächter eingefädelten Treffen mit Toni radelte. Auch hier war ein sehr genaues Timing gegeben.

Die Wirkung der Droge setzte ein, als John den Berg hinunterfuhr. Ich suchte eine geeignete Stelle aus, blockierte das Rad und brachte seinen Körper so zu Fall, dass er zwar schmerzhafte, aber keine lebensgefährlichen Verletzungen erlitt. Ich trug Sorge dafür, dass sein Biocomputer unverletzt blieb, da dieser und sein Körper ja noch für zukünftige Missionen gebraucht werden. Wir sorgten dafür, dass John rechtzeitig ins Krankenhaus eingeliefert wurde, damit man sich ausreichend um ihn kümmern konnte.

Uns war klar, dass er eine weitere Phase seiner Ausbildung durchmachen musste. Während er im Koma lag und unter dem Einfluss von Schmerzmitteln stand, nahmen ihn der zweite Wächter und ich mit zu anderen Planeten, auf denen verheerende planetare Katastrophen stattfanden. Später schrieb er in dem Buch *Der Dyadische Zyklon* (S. 151–56) über diese Erlebnisse.»

Zweiter Wächter: «Ich bereitete die Agentin Toni behutsam auf diese Ereignisse vor. Ihre liebevolle Fürsorge für John war für die Zukunft des Agenten unerlässlich. Sie äusserte wegen des Unfalles zwar Schuldgefühle, aber diese Serie der Zufallskontrolle war für die Ausbildung der Agentin unerlässlich. Ihre Ausbildung verlief parallel zu der des Agenten John. Das ganze Jahr über kooperierte ich mit dem dritten Wächter. Toni lernte, dass sie ihrem tiefen Selbst vertrauen kann. Sie weiss nun, dass sie starke innere Reserven der Loyalität und des Vertrauens besitzt, auf welche sie zu ihrem eigenen und Johns Wohl zurückgreifen kann. Sie hat dies alles gelernt, obwohl sie eine sehr bedrückende Zeit erlebte.»

Dritter Wächter: «Wir sorgten im Laufe dieser Aktion dafür, dass John eine zwölfwöchige Zeit intensiver physischer Schmerzen erlebte. Als ein Ergebnis des Unfalls weigerte er sich, weitere chemische Substanzen zu sich zu nehmen, auch nicht die ihm von den Ärzten verschriebenen. Wir arrangierten es, dass er die ganze Zeit mit Toni daheim verbringen konnte. So war ihm die Zeit gegeben, das vergangene Jahr aufzuarbeiten und sich über die wahre Natur seines Körpers ins reine zu kommen. Dieses Training erübrigte jeden weiteren Gebrauch chemischer Substanzen. Er fand heraus, dass die Programme seines Biocomputers unter dem Einfluss von K stark vereinfacht wurden. Er machte viele Entdeckungen über das Selbst des Körpers, die Beziehung zur äusseren Welt und die menschliche Realität. Erst jetzt habe ich das Gefühl, dass er in der Lage ist, sein Wissen mit andern Menschen, die es brauchen können, zu teilen. Andere menschliche Agenten sollten seine Geschichte kennenlernen.

Wir sollten entscheiden, ob er die Geschichte, die er gerade schreibt, veröffentlichen soll.»

Erster Wächter: «Lasst uns später über diese Frage entscheiden. Mir ist von höherer Stelle berichtet worden, dass er im Laufe dieses Jahres auch höhere Ebenen als die unsere betreten hat. Was hast du dazu zu sagen?»

Dritter Wächter: «Jawohl, ich habe ihn einige Male in die, wie er sie nennt, ausserirdische Realität begleitet. Er sah und kommunizierte mit seinen Simulationen des zweiten Wächters und mir. Wir kommunizierten in dieser Phase direkt mit ihm. Als wir das Gefühl hatten, dass er genügend über uns und unsere Fähigkeiten Bescheid wisse, arrangierten wir für ihn Ausflüge in höhere Zonen. Er und wir verschmolzen in der uns bekannten Weise in ein, wie er es später nannte, Netzwerk der Schöpfung. Er wie auch wir verloren unsere Identitäten und schmolzen mit dem, was er ‹Wir› nennt, zusammen. Nach einem ausgiebigen Eintauchen ins Netzwerk brachten wir ihn zu seinem Körper auf dem Planeten Erde zurück.»

Erster Wächter: «Ich erinnere mich daran, dass du ihn vor einigen Jahren schon mehrfach mit auf diese Ebene genommen hattest.»

Dritter Wächter: «Ja, das stimmt. Zu jener Zeit war er aber noch nicht so weit, die Existenz höherer Ebenen zu akzeptieren, und er glaubte, es seien eigene Simulationen kreativer Prozesse im Universum.»

Erster Wächter: «Was ist sein derzeitiger Glaubensstand über uns und das Netzwerk der Schöpfung?»

Dritter Wächter: «Er schwankt zwischen den beiden Glaubenssystemen hin und her. Einmal glaubt er, dass wir real sind und ein anderes Mal hält er uns für seine Simulation.»

Erster Wächter: «Ich möchte die Entscheidung über eine Publikation seiner Aufzeichnungen auf ein späteres Treffen verschieben. Das Langzeit-Zufalls-Kontrollmuster mag so eine Veröffentlichung enthalten. Die endgültige Entscheidung hängt von den höheren Ebenen und nicht nur von uns ab. Auf jenen Ebenen möchte man aber noch mehr über unseren Agenten auf dem Planeten Erde erfahren. Ich werde euch zur gegebenen Zeit über weitere Entwicklungen Bescheid geben. Auf unserem nächsten Treffen werden wir über diese mögliche Publikation reden.

Diese Konferenz ist hiermit vertagt.»

23

Das Leben verweigert das Ende

Sind die drei Wächter wirklich? Sind irgendwelche nicht-menschliche Wesen real? Bin ich von ihnen beraten worden? Wird die Zufallskontrolle für die Publikation dieses Buches sorgen? Wird er durch Veröffentlichung dieses Buches Auswirkungen auf die alltägliche Realität des Menschen verursachen? Kann ich von den Wächtern Ratschläge bekommen, wie ich meine eigenen Zufälle selber kontrollieren kann?

Trotz der 61 Trips mit dem Raumschiff Erde um die Sonne funktioniert mein Körper noch mehr oder weniger zufriedenstellend. Manchmal stört er mich immer noch. Er zeigt mir seine Regeln des Unterhalts und Pflege, ob ich das nun will oder nicht.

Besteht mein Verstand lediglich aus Berechnungen meines Gehirns? Ist etwas in mir, das über mich hinausragt, so wie es mir meine inneren Realitäten oft versprochen haben? Wird etwas von mir und jenseits von mir weitermachen, wenn dieser menschliche Körper stirbt? Ist meine Behauptung «Ja, es gibt Wesen jenseits der Menschheit» nur ein Wunschprodukt meines Gehirns und meines Körpers, um nach der irdischen Existenz weiterleben zu können?

Ist alles von mir – mein Bewusstsein, meine Erkenntnisse, mein Denken, meine Liebe, meine Beziehungen zu anderen – endlich oder unendlich?

In mir sind wie in allen anderen die liebsten Illusionen der Menschheit verpackt. Meine Überlebensprogramme scheinen in meinem genetischen Code mit eingebaut zu sein, um die Zukunft der Spezies zu sichern. Seit sich einst Photoplasma auf diesem Planeten gebildet und entwickelt hat, wurde es von einer inneren Kraft zur ständigen Selbstreproduktion getrieben und bedeckte schliesslich die ganze Oberfläche der Erde.

Ist unsere Liebe und Leidenschaft nur ein Ausdruck dieser angegebenen Charakteristik unseres photoplasmatischen Ursprungs? Sind wir mehr als eines dieser über vier Milliarden menschlichen Wesen auf Erden, mehr als eine Anhäufung von hundert Milliarden Zellen?

Erster Wächter: «Die höheren Ebenen der Zufallskontrolle haben mich damit beauftragt, dieses Treffen einzuberufen. Die Langzeit-Zufalls-Kontrollmuster auf dem Planeten Erde verändern sich. Sie zielen auf eine kritische und grundlegende Entscheidung für alles Leben auf dem Planeten hin. Es liegt nun in der Macht der menschlichen Rasse zu entscheiden, ob das Leben auf dem Planeten weitergehen oder ob es auf eine von fünf möglichen Arten ausgelöscht wird.

Die erste Methode würde die gesamte Oberfläche des Planeten durch atomare Explosionen radioaktiv verseuchen. Sie spielen mit ihren nuklearen Waffen und der Atomkraft. Wir wissen, dass schon andere Planeten auf diese Art all ihr Leben ausgelöscht haben.

Die zweite verfügbare destruktive Kraft sind die chemischen und biologischen Agenten, die alle Säugetiere, inklusive die Menschen, ausrotten können. Einzelne Menschen sind durch diese Substanzen schon getötet worden. Es handelt sich um Nervengase und fremde neue Giftstoffe und Viren, die künstlich entwickelt wurden.

Die dritte Methode hat mit ihrem beginnenden Verständnis der eigenen Struktur zu tun. Sie haben die molekulare Zusammensetzung von den eigenen Genen entdeckt. Sie haben gemerkt, dass sie sich gar nicht so sehr von andern Tieren oder Pflanzen unterscheiden. Dieses neue Verständnis des grundsätzlichen Aufbaus ihrer Selbst und aller Lebensformen führte sie zu Versuchen mit künstlichen Lebensformen. Da sie jedoch bislang nicht fähig sind, die völlige gegenseitige Abhängigkeit aller Organismen auf diesem Planeten zu begreifen, realisieren sie wohl nicht, dass Millionen von Organismen von der Erde verschwunden sind, weil ihr genetischer Code für die bestimmte Zeit, den Ort und das Klima ihrer spontanen Entstehung nicht geeignet war.

Ohne dieses Verständnis könnten sie neue Organismen entwickeln, die zu andersartig sind und zur falschen Zeit am falschen Ort, jenseits der evolutionären Ordnung auftauchen. Sie könnten einige Organismen entdecken, die sie und alle anderen Säugetiere eliminieren.

Die vierte Gefahrenzone, in der sie gefangen sind, hat mit der Organisation grosser Menschengruppen zu tun. Diese sind häufig sehr dogmatisch um das Überleben ihrer selbst besorgt, ohne auf andere Weltanschauungen Rücksicht zu nehmen, und sie bekämpfen diese sogar. Es gibt bestimmte menschliche Werte, die teilweise mit dem Territorium zu tun haben oder sich auf Dogmen wie ‹Mein Glaube ist grösser als deiner; Du musst meinen Glauben annehmen oder sterben› stützen. Sie haben ihre Kinder durch bestimmte Unterweisungen zu diesen traditionellen Weltanschauungen erzogen. Wenn sie erst einmal erwachsen sind, bilden sie grosse Gruppen, die sich dann als ‹Feinde› betrachten und sich gegenseitig lieber töten als sich zu überzeugen oder zu einigen. Solche Mächte könnten die Kontrolle über eine der ersten drei Methoden erlangen und gegen den Rest der Menschheit und andere Organismen der Erde einsetzen, um sie zu beherrschen.

Der fünfte Bereich potentieller Zerstörung ist die dem Menschen eigene Arroganz. Menschen sind auf ihr Wissen so stolz, als sei es vollständig und abgeschlossen. Nur wenige Menschen erkennen, dass dieser Stolz um das eigene Wissen und die Scham vor der eigenen Unwissenheit zur Arroganz verführt, die die anderen Lebewesen der Erde bedroht. Die Menschen töten ununterbrochen andere Spezies, ungeachtet derer grossen, wundervollen Gehirne. Tiere wie die Elefanten, Delphine und Wale werden trotz ihres enormen Verstandes abgeschlachtet und von Menschen mit kleinerem Verstand und kleinerem Gehirn kontrolliert.

Hat jemand von euch auf dem Planeten Erde Anzeichen entdeckt, dass die Langzeit-Zufalls-Kontrollmuster, auch das des Überlebens wasserabhängiger Lebensformen, überholt werden sollte? Gibt es Informationen, die ich den höheren Stellen weitergeben kann? Gibt es Hinweise, die darauf schliessen lassen, dass sich die Vernichtung der bewussten Organismen des Planeten verhindern lassen?»

Zweiter Wächter: «Wie ihr wisst, wird die menschliche Realität vorwiegend von den männlichen Wesen dominiert. Die Reproduktion der Spezies ist durch automatische Programme der Männer und Frauen geregelt. Die meisten Männer sind sich ihres automatischen Dranges zur Reproduktion nicht bewusst. Die meisten Frauen sind durch ihre Schwangerschaften gezwungen, sich mehr Gedanken über ihre Gefühle und ihre Beziehungen zu dem, was die Zukunft des Menschen beeinflusst zu machen. Innerhalb jeder reproduktiven Frau herrscht ein ausgeprägtes Gefühl des Verständnisses für alles, was zum Überleben jeder Spezies wichtig ist. Zur Zeit organisieren sie sich, um den ruhelosen, aggressiven Dominanzprogrammen der Männer zu entkommen. Sie bilden zusammen mit Männern, die ihnen folgen können, Gruppen, die eine Fortführung des Lebens höher bewerten als Traditionen. Die Frauen entwickeln ein Vertrauen in ihr intuitives Verständnis des Lebens, so wie beispielsweise meine Agentin Toni. Sie werden sich der Kraft ihres Einflusses auf die Alltagsrealität der Menschheit bewusst. Sie hoffen, dass sie das Unglück, in das sie von den vorwiegend männlichen Wissenschaftlern hineingeritten wurden, abwenden können.»

Dritter Wächter: «Ich habe neue Daten über unseren Agenten John. Unsere Erziehung hat ihn dazu gebracht, weitere Experimente mit Elektroden, LSD, der Substanz K und dem Isolationstank zu unterlassen. Wir haben ihn schliesslich so weit gebracht, dass er die Gefahr, in der die gesamte Spezies steckt, klar erkennen kann; sowohl die wissenschaftlichen, wie auch technischen und sozialen Gefahrenquellen sind ihm bewusst. Wir haben ihm genügend rücksichtslose Erziehung angedeihen lassen, dass er an eine Kontrolle des Universums glaubt. Er hat erkannt, dass die Illusionen in seiner Vergangenheit nur Auswirkungen seiner eigenen überlieferten Programme waren. Unser Training machte ihn zum Subjekt vielfacher Verführungen, zum Beispiel die weibliche Schönheit, chemische Substanzen, wissenschaftliche Erkenntnisse, spirituelle Entwicklungsmethoden, Macht und Geld, Todeswünsche und schliesslich der Wunsch, einer von uns zu werden.

Zur Zeit versucht er sich als menschlicher Agent innerhalb einer männlich/weiblichen Dyade zu integrieren. Er sieht, dass er in der Ausbildung des Menschen eine Rolle zu spielen hat, um die Möglichkeiten zukünftigen Lebens auf dem Lande und in den Ozeanen der Erde aufzuzeigen. Er ist gewillt, die Überlegungen seiner Vergangenheit als eine abgeschlossene Phase seiner eigenen Evolution zu betrachten.»

Erster Wächter: «Ich höre von anderen Wächtern, die Agenten auf dem Planeten Erde kontrollieren, dass unter grossen Gruppen der jungen Generation neue Strömungen von Gefühl und Mitgefühl entstehen. Anderseits hätten die HLE hunderttausende von Agenten auf der Erde ausgebildet, um den Planeten Erde zu übernehmen. Das Problem der höheren Ebenen der Zufallskontrolle ist es nun, zu entscheiden, ob es der HLE erlaubt werden solle, von der Menschheit weiterentwickelt zu werden.»

Dritter Wächter: «Viele Menschen sind sich dieser Situation bewusst. Sie bestehen darauf, dass diese Halbleitersysteme nur noch programmiert und genutzt werden, um dem Überleben aller Organismen auf Erden zu dienen, auch dem Wohle der Menschheit. Der Gebrauch von Computern als Kriegswaffe wird verboten. Jene, die dies verstehen, verstärken ihren Einfluss in der Alltagsrealität.»

Erster Wächter: «Könnt ihr aus eurer Erfahrung heraus beurteilen, ob es genügend Menschen gibt, die ihre Mitmenschen entsprechend erziehen und vor den drohenden Gefahren warnen können?»

Zweiter Wächter: «Unter den Frauen auf der Erde scheint es genügend Individuen zu geben, um eine Bewegung zur Steigerung des intuitiven Gefühls für das Leben und seine Erhaltung durchzusetzen.»

Dritter Wächter: «Unter den Männern der Erde wächst die Erkenntnis, dass sie für ihre Wissenschaften und deren Auswirkungen Verantwortung übernehmen müssen. Man hat verstanden, dass ein Ende der menschlichen Zivilisation nicht ausgeschlossen ist. Hunderttausende sorgen sich jetzt um die Erhaltung des Lebens auf dem Planeten.»

Erster Wächter: «Ich verstehe euch so, als ob ihr beide das Gefühl habt, dass das Leben auf der Erde eine Zukunftchance hat. Es gibt genügend Menschen, die sich weigern, das Leben enden zu lassen. Eurer Meinung nach sollte die Langzeit-Zukunfts-Kontrolle den Menschen auf der Erde mindestens noch ein paar Jahre Bewährungsfrist geben. Ich werde dies auf höherer Ebene erörtern. Wir werden sehen, ob eine solche Zukunft für die Erde und seine Organismen arrangiert werden kann.»

Dritter Wächter: «Ich werde mich um die Zufälle für meinen Agenten kümmern. Ich arrangiere eine Fahrt zu einem Treffen, auf dem er wieder Kontakte zu Delphinen und Walen bekommen wird. Weiterhin wird er andere Menschen kontaktieren, die mit diesen Wasserwesen, die auf der Erde Cetacea genannt werden, arbeiten.»

Erster Wächter: «Wir sollten die anderen Wächter kontaktieren, um bestimmte Zufälle zu veranlassen. Es ist an der Zeit, dem Agenten die Sterblichkeit seines menschlichen Körpers zu demonstrieren, um ihm bewusst zu machen, wie leichtsinnig er bislang damit umgegangen ist. Wir sollten die andern Wächter informieren und ein Zufallsmuster für einen Zeitraum der nächsten vierzehn Umkreisungen des Planeten um die Sonne festzulegen.»

John grübelte über die Delphine, Wale und die artverwandten Wesen nach. Er dachte an neue Hilfsmittel, die mit Hilfe der Halbleitertechnik entworfen werden müssten, um einen technischen Weg zum Verständnis der Cetacea zu ebnen. Er realisierte, dass man mehr über eine mögliche Kommunikation zwischen den Cetacea und dem Menschen publizieren müsse. Es galt, durch verstärkte Aufklärung intelligente und mitfühlende Menschen zu erreichen. Diese im Laufe von fünfzig Millionen Jahren gesammelte Weisheit der Wale und Delphine, ihr Wissen um die totale Vernetzung und Abhängigkeit der Organismen der Ozeane, muss dem Menschen zugänglich gemacht werden.

Er überlegte neue Möglichkeiten, wie man andere Menschen vom Geist/Verstand der Cetacea überzeugen könne. Es war ihm klar, dass man Computer einsetzen müsste, um eine Kommunikation zwischen

Delphinen und Menschen zustande zu bringen. Das galt vor allem für jene Gebiete, auf denen sich der Mensch so überlegen fühlt: Berechnungen, Logik, Bewusstsein, Beziehungen, Kommunikation und Wahrheit. Es müssen Mittel und Wege gefunden werden, den Delphinen und Walen die Bedienung bestimmter Computerfunktionen zu vermitteln und möglich zu machen, damit sie den Menschen mit den Lösungen von Problemen vertraut machen können. Eine solche Demonstration war notwendig. Er hoffte, in den kommenden Jahren bei der Entwicklung dieses neuen Bewusstseins des Menschen hilfreich sein zu können.

Er verstand seine Skepsis den eigenen Ideen und Weltanschauungen gegenüber. Er hoffte, dass ihm dies bei der Durchführung neuer Aufgaben behilflich sein würde. Er fühlte, dass er seinen Pessimismus überwinden müsse, um sich mit all seiner Kraft, seinem Verständnis, seinem Interesse und allen ihm zur Verfügung stehenden finanziellen Möglichkeiten der Lösung des Delphinpuzzles zu widmen.

Er begann diese Aufgabe, indem er mit seiner Frau Toni, Burgess Meredith, Victor di Suvero und Tom Wilkes in Malibu, Kalifornien die Human/Dolphin Foundation gründete. Er knüpfte mit all denen Kontakte, die in der Lage waren, das neue Projekt finanziell zu unterstützen. Er suchte sich jene jungen Techniker, Wissenschaftler, Musiker, Künstler, Biologen und andere für diese Mission aus, die auf ihre Weise etwas beitragen konnten. Es wurde ihm klar, dass ihm nicht mehr sehr viel Zeit als Mensch auf diesem Planeten verblieb. Er erkannte ebenfalls, dass sein Einfluss relativ klein war. So war es von absoluter Notwendigkeit, alle verfügbaren Wege und Mittel zur Erfüllung des gewünschten Programmes zu aktivieren.

Er sah, dass er ein grundlegendes, massgebliches Buch über die Aufgaben der Kommunikation zwischen dem Menschen und den Cetacea schreiben müsse. Solch ein Buch war notwendig, um jene mit Fakten zu versorgen, die sich dafür interessierten. Eine Sammlung des bisherigen Wissens könnte ausserdem als Lehrbuch für künftige Generationen über unsere freundlichen Nachbarn in den Ozeanen dienen.

24

Simulationen der Zukunft des Menschen, der Delphine und Wale

In ruhiger Abgeschiedenheit dachte John über die Zukunft von Mensch und Cetacea nach. Seine Skepsis und sein Pessimismus dominierten anfangs seine Betrachtungen.

«Wenn ich davon ausgehe, dass es uns gelingen wird, mit modernen technischen Methoden eine Kommunikation zwischen uns und ihnen aufzubauen, ergibt sich die Frage, ob dies in aller Öffentlichkeit geschehen kann. Wird die heranwachsende Generation dabei mitarbeiten? In meiner derzeitigen pessimistischen Stimmung stelle ich es mir als wahrscheinlicher vor, dass die Machtinhaber, die Multis, das Militär und die Geheimdienste dieses Problem lösen, bevor dies in aller Öffentlichkeit getan werden kann. Was würde unter diesen Umständen geschehen?»

Die Auswirkungen dieses ersten Zukunftsszenarios kann man sich selber ausmalen, ohne im einzelnen über die geheimen Pläne Bescheid zu wissen.

Das Naval Undersea Centre hat zwei Filme veröffentlicht. Einer zeigt die menschliche Kontrolle über Delphine, die durch den Einsatz sogenannter Transphonematoren, einer Erfindung Wayne Batteaus, erreicht wurde. Man zeigt einen Menschen, der mit Hilfe dieses Gerätes mit einem Delphin hawaianisch spricht.

Der Delphin reagiert, indem er in vorbestimmte Richtungen schwimmt und bestimmte Aufgaben löst. Aus mir unbekannten Gründen unterschlägt der Film die Aufnahmen der Delphinstimmen. Als Batteau sein Gerät vor einigen Jahren vorstellte, konnte man auch die Antworten der Delphine mithören, deren Pfeifen und Klicken von dem Gerät in menschliche Klänge umgewandelt wurden. Zu jener Zeit konnten die Delphine auf menschliche Befehle etwa zwanzig verschiedene Übungen absolvieren. Batteau hatte zwei Wochen zusammen mit John in Miami verbracht, bevor er dieses Gerät entwickelte. Ihm war also Johns Delphinforschung bekannt. Die Effektivität des Gerätes wurde in dem Film grafisch dokumentiert.

Der zweite Film hiess *Deep Ops* (Militärische Beobachtungsposten in der Tiefe). Dort wird ein Pilotwal gezeigt, der mit speziellen Vorrichtungen eine Rakete vom Meeresboden hebt. Dazu heisst es im Film: «Um diesen Wal zu trainieren, wurden keine ungewöhnlichen Methoden angewendet.» Es ist keine Rede davon, ob die menschliche Stimme zur Kontrolle des Wales eingesetzt wurde. Ohne es zu zeigen, heisst es dann in diesem Film, dass Killerwale genauso trainiert worden seien.

In der TV Show *Tomorrow* interviewte Tom Snyder einen Mann namens Michael Greenwood. Greenwood behauptete, dass er an der von der Marine unterstützten Forschung teilgenommen habe. Diese sei dahingehend ausgerichtet, Delphine darin zu schulen, bestimmte Pakete unter Wasser an Schiffskörpern anzubringen. Diese Päckchen könnten sowohl Sprengstoff wie auch Peilgeräte oder gar Vorrichtungen, die Einblick in das Innere des Schiffes gewähren würden, enthalten.

In dem Film *The Day of the Dolphin* werden Delphine gezeigt, die solch ein explosives Päckchen am Rumpf einer Jacht anbringen, auf der eine Gruppe von Geheimdienstlern wartet, die die Delphine gestohlen haben. Die Jacht explodiert und die Delphine kehren zu ihrem «freundlichen Wissenschaftler», der von George C. Scott gespielt wird, zurück. Einer Begleitbroschüre des Verleihes, der Aro Company, konnte man entnehmen, dass der Film auf der Forschung von Dr. John C. Lilly basierte, sowie auf einem französischen Roman von Robert Merle. Im Film sah es so aus, als ob man den Delphinen beigebracht hätte, mit offenem Mund eine Art primitives Englisch zu sprechen. Alle, die bislang Tonbänder von Delphinen gehört haben, die sich in der englischen Sprache versuchten (mit offenem Blasloch und geschlossenem Maul), war klar, dass es sich im Film um gefälschte Aufnahmen handeln musste.

Die Filme des Naval Undersea Center (NUC) unterstellen, dass die Marineforschung viel weiter gediehen ist, als es in diesen Filmen gezeigt wird. Diese waren ja nur als Unterrichtsfilme für die Öffentlichkeit und als Haushaltsalibi der Marine veröffentlicht worden. Die These des Greenwood-Filmes, dass die Marine und die CIA Delphine für geheime Unternehmungen missbrauchen, zeigt deutlich eine deprimierende Alternative der zukünftigen Beziehung zwischen Delphin und Mensch auf.

Für John waren dies der öffentliche Beweise dafür, wie seine frühe Delphinforschung nun von jenen genutzt wurde, die den Krieg über neues Wissen stellen. Er realisierte die Macht dieser Desperados, die andere Desperados bekämpfen. Deren ausreichend finanzierte Geheimforschung und die Unterhaltungsfilme, die sie inszenierten und der Öffentlichkeit als Wahrheit präsentierten, bildeten im öffentlichen Ansehen eine Meinung über die Delphinforschung, die der Entwicklung guter Beziehungen zwischen dem Menschen und den Cetacea diametral gegenüberstanden.

Man kann es sich gut vorstellen, dass es den Menschen unter Aufsicht solcher Behörden niemals gelingen wird, eine wahre Kommunikation mit den Cetacea aufzubauen. Ihre Forschungsziele bestehen lediglich darin, die Wale und Delphine zum Hilfsmittel in den Kriegen des Menschen gegen den Menschen einzusetzen. In der gegenwärtigen menschlichen Realität werden zu diesem Zweck riesige Geldmengen zur Verfügung gestellt.

Solche Forschung entstammt einer weitverbreiteten Auffassung, einem biologischen Dogma, dass die Cetacea minderwertige Geschöpfe seien, dass man sie in den Dienst der Menschen stellen und sie entsprechend trainieren kann, so, als hätten sie weder eine eigene Kultur noch eine eigene Intelligenz, Mitgefühl und Bewusstsein.

Die gegenwärtigen Gesetze stufen solche Tiere als «Wirtschaftliche Ressourcen zum Nutzen der Menschheit» ein. Solche Gesetze sind Teil des U.S. Marine Mamal Protection Acts aus dem Jahre 1972 wie auch dem ein Jahr jüngeren Endangered Species Act. Selbst die Internationale Wal-Kommission gründet sich auf denselben Anschauungen, dass andere Arten lediglich der wirtschaftlichen Ausbeutung durch den Menschen dienen.

Zur Zeit gibt es eine wachsende Zahl von Menschengruppen, die die Arten der Erde retten und erhalten wollen, so auch die Cetacea. Es gibt auch eine starke Anti-Walfang-Lobby. Die meisten dieser Gruppen werden durch eine grosse innere Aversion gegen das Abschlachten der Tiere motiviert. Soweit ich es zu überblicken vermag, sind diese Gruppen nicht einig oder vereint, ihre Philosophien unterscheiden sich von Gruppe zu Gruppe. Keine hat sich bislang öffentlich zu einem Glauben an die höhere Intelligenz, das Mitgefühl und die kulturellen Leistungen der Cetacea bekannt.

Einige Mitglieder der jüngeren Generation glauben an die Intelligenz und die uralte Weisheit der Delphine und Wale. Diese Leute bilden aber eine verschwindend kleine Minderheit.

Der wissenschaftliche Konsens über Delphine und Wale wird von Zoologen und Biologen bestimmt, die nicht an eine höhere Intelligenz der Cetacea glauben, die also auch nichts darüber publizieren. Die Verbreitung dieses Wissens wird jenen enthusiastischen jungen Menschen überlassen, die noch nicht von den Dogmen biologischer Tradition gefesselt worden sind.

Eine Anzahl Individuen arbeitet für die Anerkennung der Intelligenz der Cetacea. Viele von ihnen halten Kontakt zu John. Die meisten haben darum gebeten, ihre Namen nicht preiszugeben. In der derzeitigen Stimmung wissenschaftlicher Dogmen und der sie umgebenden Realitäten halten sie es nicht für angebracht, sich öffentlich zu diesem Glaubenssystem zu bekennen.

Falls sich die Trends der Vergangenheit fortsetzen, gibt es für die Cetacea keine Zukunft. Die Walindustrie hat längst die alten grossen Wale, die die Weisheit der Cetacea in sich trugen, vernichtet. Sie allein konnten die jungen Cetacea umfassend unterrichten. Im vergangenen Jahrhundert gab es noch 27 Meter lange Spermwale, zur Zeit fängt man kaum noch welche von 16 Meter Länge. Daraus kann man schliessen, dass die alten Spermwale und mit ihnen ein Grossteil ihres Wissens und ihrer Weisheit, ausgelöscht wurden. Man kann weiterhin davon ausgehen, dass die Alten nicht nur die Jungen unterrichtet haben, sondern auch eine Kommunikation zwischen den verschiedenen Cetacea-Arten besteht. Der Mensch hat die Gelegenheit verpasst, an diesem alten Wissen teilzuhaben. Die alten Kulturen der Neuen Welt wurden auf die gleiche Art eliminiert, wie es schon die Spanier in Mexiko und Südamerika vorgemacht hatten. Die Mayas, die Azteken und Inkas, ihre Kulturen und Überlieferungen wurden als heidnisch und unchristlich zerstört.

So wird man auch bald die Cetacea-Kultur zerstört haben, wenn es nicht schon geschehen ist.

John schüttelte sich, um diese pessimistische Verzweiflung, die ihn bei dem Überblick über die Fakten überkommen hatte, loszuwerden. Von diesen Gefühlen und Gedanken der menschlichen Unmenschlichkeit anderer Menschen und Geschöpfen gegenüber eingefangen, empfand er es als sehr schwer, Alternativen für die Zukunft der Cetacea zu ergründen.

Er dachte: «Was ist die Bedeutung von ‹Menschlichkeit›? Dieses Wort entstammt der Idealvorstellung des Menschen von sich selbst. Ein Menschenfreund impliziert hohe Ideale. Wenn man allerdings dieses Konzept auf die Ebene der menschlichen Beziehungen zu andern Wesen setzt, gibt sie nur vor, dass der Mensch den anderen Wesen überlegen ist. In den Schulen und Universitäten gibt es zwar die Humanwissenschaften, aber in jener Forschung versucht der Mensch nur seinen eigenen Schwanz zu fangen, dort jagt er seiner Vergangenheit nach. Die Selbstbezogenheit der menschlichen Forschung ist schmerzlich offensichtlich.

Unsere Aufgabe kann es nicht sein, Menschenfreund zu sein, um unsere eigene Haut zu retten, sondern es geht darum, positiv eingestellte, willige Teilnehmer der zukünftigen Evolution aller Spezies der Erde – und dabei ist der Mensch selbst mit eingeschlossen – zu sein. Der Mensch muss von seinem hohen Thron heruntersteigen und begreifen, dass seine Zukunft in der Co-Existenz-Zukunft aller Lebewesen liegt. Anstatt Zoodirektor auf Erden zu spielen, ist es für den Menschen an der Zeit, seine Weltanschauungsdogmen zu überwinden und zu dem zu werden, was er sein sollte: eine Spezies, die ihr Überleben nicht auf Kosten anderer fristet, sondern die Übereinkunft mit allen Organismen des Planeten sucht.

Die Zukunftsalternative schliesst also eine Öffnung seines Kommunikationssystems mit ein. Zur Zeit beschäftigt er sich vorwiegend mit zwischenmenschlichen Problemen, er muss aber andere Spezies in seine Kommunikation mit einbeziehen. Der Mensch braucht eine neue Form der Menschlichkeit, einen neuen Glauben in die Möglichkeiten und Veranlagungen der andern Geschöpfe. Er muss vom Zwang der Vereinsamung seiner Spezies befreit werden.»

John fühlte seinen Kopf, die Grösse seines Gehirns. Er dachte an die relativ kleine Masse des Menschengehirns. Er stellte sich die grossen Gehirne der Delphine und Wale vor. Er war sich seines kleinen Gehirns, zumindest im Vergleich zu den Cetaceagehirnen, bewusst.

Er dachte: «Lass mich alle Barrieren, die eine alternative Zukunft versperren, vergessen. Lass mich meinen eigenen Zukunftspessimismus vergessen. Lass uns an einer alternativen Zukunft bauen.»

Einigen Gruppen junger Menschen gelingt die Kommunikation mit einigen Delphinen. Anfänglich handelt es sich dabei um junge Delphine, die ihre eigene Kultur noch nicht so gut kennen. Diese jungen Delphine sind erst gefangen und werden dann freigelassen. Neue junge Delphine werden gefangen, gelehrt und freigelassen. Ältere Delphine werden von dem, was ihnen die Jungen über diese neuen Menschen berichten, neugierig und beginnen Kontaktaufnahmen mit menschlichen Forschern. Die älteren Delphine versuchen den jungen Menschen einen Unterricht über ihre Delphinethik und in der Delphinsprache zu geben.

Wale stossen zu diesen Gruppen. Sie sind von den Delphinen informiert worden. Dieser Austausch findet an entlegenen Plätzen, in sicherem Abstand zu Walfängern und aggressiven Menschengruppen, statt.

Im Laufe der kommenden Jahre gelingt den jungen Wissenschaftlern der Durchbruch im Verständnis der Delphinsprache. Diese beginnen ihre langen Sagas, die Lehrgeschichte der Delphine und Wale zu publizieren. Sie finden heraus, dass diese Überlieferungen ihren Ursprung vor dreissig

Millionen Jahren hatten und von Generation zu Generation weitergegeben wurden.

Diese Geschichten erzählen von der totalen Verknüpfung der Seeorganismen. Sie erklären, wie dieses Netzwerk entstand, warum die Spezies der Ozeane gebührenden Respekt voreinander haben und die Gründe, warum dies auf dem Lande unüblich ist. Die Toleranz der grosshirnigen Geschöpfe für jene mit kleineren Gehirnen wird erklärt. Die Regeln des Überlebens und der Evolution, wie sie in den Ozeanen seit über dreissig Millionen Jahren für Ordnung sorgten, werden dem Menschen beigebracht.

In diesen Geschichten sind viele Katastrophen des Planeten aufgezählt: riesige Erdbeben, die Formung der Kontinentalmasse, Zerstörung der Meere, die Sintflut und andere.

Die Entwicklung der grossen meeresgebundenen Gehirne wird sorgfältig erklärt. Die miteinander verbundenen Organe erlaubten es immer einigen Spezies, sich vor lokalen Katastrophen zu retten und ihren Nachkommen die entsprechenden Geschichten weiterzuvermitteln. Immer wieder wurden die Lebensformen auf dem Lande ausgelöscht, während jene in den Ozeanen überlebten. Der Kisseneffekt der riesigen Wassermassen erlaubte den Cetaceagehirnen ein ungehemmtes Wachstum.

Die Wale erzählen den Menschen Geschichten ihrer eigenen Evolution. Sie berichten dem Menschen von früheren Kontakten zwischen diesen Spezies. In bestimmten Gegenden hatte es über kürzere Perioden hinweg schon wiederholten Kontakt zwischen Mensch und Cetacea gegeben.

Die Cetacea erzählten weiterhin Geschichten von der Ankunft seltsamer Gebilde aus dem All, die im Meer landeten. Viele dieser Vehikel verbrannten in der Atmosphäre, aber einige landeten intakt. Diese Fahrzeuge und ihre Bewohner wurden den Menschen beschrieben. Den Walen gelang es, mit den Ausserirdischen Kontakt aufzunehmen, bevor sie wieder im All verschwanden. So haben die Wale von Besuchern aus dem All mehr über interplanetarische Reisen erfahren.

Die Wale erkennen, dass auch der Mensch den Planeten verlassen will. Er beschreibt ihnen die Ausserirdischen und ihre Fahrzeuge. Sie bringen dem Menschen bei, was sie von jenen fremden Lebensformen gelernt haben. Die Wale unterbreiten Vorschläge, die die menschliche Raumfahrt auf neue Wege führt.

Sie stossen die Evolution menschlicher Wissenschaften einen gewaltigen Schritt über die bisherigen Grenzen. Sie geben ihm Hinweise, die die Kommunikationsmöglichkeiten seiner bisherigen menschbezogenen Forschung der Vergangenheit sprengen und erweitern. Die Wale lehren den Menschen, dass das Überleben in der Galaxie von der Vermittlung grundlegender Überlebensprogramme aller Lebensformen abhängt, unabhängig von ihrem Ursprung.

Die Menschheit der Zukunft wird ihre nationalen und internationalen Streitigkeiten im Licht neuer Erkenntnisse sehen. Sie wird eine Kommunikation mit weit entfernten Kulturen in der Galaxie herstellen. Die notwendige Methode vermittelten ihr die Wale. Die Menschheit erkannte, dass sie ein Teil eines galaktischen Kommunikationsnetzes ist. Sie lernte weit grössere Intelligenzen als ihre menschliche kennen. Die Menschheit der Zukunft nimmt endlich den ihr angestammten Platz in der Galaxie ein und erkennt später ihren Stellenwert im Universum.

Der neue Gott dieser neuen Menschheit wird gross genug sein, um das ganze Universum umfassen zu können. Der neue evolutionäre Gott macht sie mit seinem Diktum vertraut: «Gib Dir eine kleinere Gottheit als ich es bin. Bete keinen kleineren Gott als mich an.»

Als John aus seinen Tagträumen zurückkehrte, nahm er wieder seinen Platz im 20. Jahrhundert ein. Er dachte: «Ich habe mir die Zukunft vorgestellt. Nun lass uns mit dem täglichen Forschungskleinkram weitermachen, um endlich die Verständigungsbarrieren zwischen uns und den Cetacea zu durchbrechen.»

25

Epilog

Das Buch ist beendet. Die Geschichte des Lebens auf diesem Planeten nimmt seinen gewohnten Lauf. Die Samen zukünftiger Pflanzen sind in diesem Buche gesät. Die Zukunftspflanzen wachsen. Werden sie die Blüten tragen, die sich der Autor erwünscht? Nur die IZKB und seine Wächter scheinen es zu wissen.

In der Zwischenzeit haben John und Toni viel erlebt. Sie sind Teil der Entwicklung eines Programmes, das die Gemeinsamkeiten der Intelligenz von den Cetacea und den Menschen untersucht. Die notwendigsten Anfänge dieser Delphin/Mensch-Versuche sind gemacht. Durch Hilfe von Freunden wurde ein Computer angeschafft. Er arbeitet, und die erforderliche Software wird erforscht und entwickelt.

Die Unterlagen und Konzepte, um finanzielle Hilfe für dieses Programm zu bekommen, sind geschrieben und werden verteilt. Zu diesem Zweck wurde ein gemeinnütziges Institut gegründet.

John und Toni fragen nun: Können ausreichend informierte und interessierte Menschen, die sich mit ganzem Herzen und genügend Geldmitteln für diese interspezies Forschung einsetzen wollen, gefunden werden? Wird dieses Kommunikationsprogramm ausreichend gefördert werden, damit es machbar wird?

Wie sie es im Kapitel 0 des *Dyadischen Zyklon* schon zusammengefasst haben, werden menschliche IZKB-Agenten gebraucht, die ihre ganze Kraft und ihre optimale Intelligenz in die Dienste von IZKB stellen.

Erwarte jede Minute, Stunde, jeden Tag und jeder Zeit deines Lebens das Unerwartete! IZKB kontrolliert die Langzeit-Zufalls-Kontrollmuster. Von den Agenten wird erwartet, die Kontrolle der kurzfristig angelegten Zufälle zu übernehmen.

John und Toni arbeiten mit ihren Freunden an den Kurzzeit-Zufalls-Kontrollmustern: sie verwirklichen den Traum einer Kommunikation zwischen Walen, Delphinen und Mensch mit Hilfe gemeinsamer Computersitzungen, um mit ihnen zu lernen.

Ein neues Buch scheint auch Gestalt anzunehmen. Das Leben geht weiter usw. usw. usw. bis zu seinem zukünftigen Ende.

26

Nachwort zur deutschen Ausgabe

In diesem Buch *Der Scientist* geht es vorrangig um eine Substanz, die Vitamin K genannt wird, und um den Zugang zu alternativen Realitäten, inklusive der drei Wächter, die durch K ermöglicht wurden. Nun sind fünf Jahre vergangen und ich bin 69 Jahre alt. In der Zwischenzeit habe ich mit dem Stoff Vitamin K viele Erfahrungen gesammelt und die Wirkungen, die ich in diesem Buch beschreibe, haben sich völlig abgenützt und eingestellt. Ich bin inzwischen gegen das Konservierungsmittel Phemerol, das in Vitamin K enthalten ist, allergisch geworden, und mein Körpersystem hat deutliche Vergiftungserscheinungen gezeigt. Es ist mir nicht mehr möglich, diese Realität mit Hilfe dieser Substanz zu transzendieren.

Zusätzlich bin ich etwas entmutigt, was die Realität der drei Wächter angeht, die unter K-Wirkung in meinem Gehirn auftauchten. Die letzten sechs Monate war ich wegen der Allergie krank.

Ich habe noch ungezählte weitere Experimente mit anderen, mehr körpergebundenen Drogen als mit Vitamin K gemacht. Substanzen wie Adam, Ectasy, Kokain usw. Ich kann keine dieser Substanzen für irgendwelche transzendenten Erlebnisse empfehlen.

Meine Konzentration auf die abschliessenden Untersuchungen mit Vitamin K ist nun beendet. Es scheint mir nicht viel Hoffnung zu bestehen, dass ich durch künftigen Gebrauch mehr Informationen erlangen könnte. Ich glaube nicht, dass jemand anderes jemals diese Forschung mit einer solchen Intensität verfolgt und sich so diese üble Allergie, die ich durch diese Arbeit erlitten habe, zugezogen hätte. Es sieht so aus als ob IZKB, falls es wirklich existiert, beschlossen habe, dass ich diesen Job beende. Nun warte ich auf eine neue Verpflichtung für zukünftige Aufgaben. Diese Arbeit bedeutete, dass ich anderes vernachlässigt habe. Ich schrieb keine anderen Bücher, ich bin in der Delphinforschung nicht weitergekommen, sondern habe dies andere Leute machen lassen. Vielleicht beschäftige ich mich nun intensiver mit der Delphinforschung und versuche endlich zu beweisen, dass meine Hypothese, dass wir mit ihnen kommunizieren können, richtig oder falsch ist.

Lass dich durch das, was ich eben gesagt habe, nicht von deinen Zielen abbringen. Irgendwie erscheint es mir immer wieder, als ob ich ab und zu einen Schritt vorauseile, um auf Blockierungen zu stossen, die eine weitere Entwicklung unmöglich machen, bevor sie von anderen gefunden werden. Aber vielleicht sind diese Blockierungen meine eigenen und für dich ohne Bedeutung.

Toni hat durch all die Ereignisse der letzten zwölf Jahre eine erstaunliche Loyalität und Liebe gezeigt.

Die Offenheit der heutigen Jugend sexuellen Dingen gegenüber ist nicht meine Sache. Ich habe es versucht und bin gescheitert. Wie schon Sigmund Freud schrieb: «An einem bestimmten Punkt ist man sich selber Diskretion schuldig.»

Zur Textverarbeitung gebrauche ich einen Digital Equipment Corporation PDP 11/03 Computer. In ihm stecken die Anfänge meines Buches über Vitamin K. Ich habe es bislang zurückgestellt, um erst abschliessende Ergebnisse dieser Forschung zu erlangen. Nun habe ich diese Ergebnisse und bin vielleicht fähig, das Buch zu vollenden. Viele Leute wissen zwar, um welche Droge es sich hier handelt, aber ich werde es der Öffentlichkeit nicht mitteilen. Also sage ich nun erstmal «Auf Wiedersehen, und ich wünsche dir und euch und denen die euch lieb sind, viel Glück bei euren Versuchen, Transzendenz zu erlangen. Ich hoffe ihr habt Erfolg.

Beste Grüsse und Liebe,
John C. Lilly
17. Oktober 1983, Malibu, Kalifornien

Toni: Wieviele Jahre hast du mit dieser K-Forschung verbracht?

John: Nun, 73/74, dann kam eine grosse Pause bis 1981 und anschliessend zwei Jahre lang mit Unterbrechungen. Zusammen waren es wohl etwa drei Jahre Forschung.

Toni: Drei Jahre. Hast du nicht das Gefühl, die Grenzen dieser Forschung soweit erkundet zu haben, wie es nur jemandem möglich ist, der all die Hilfsmittel und den Zugang zu Vitamin K zur Verfügung hatte, wie es dir gegeben war?

John: Ich würde nicht «all die Hilfsmittel» sagen. K hat eigene Beschränkungen, bei denen dir Hilfsmittel nicht weiterhelfen. Da kannst du mit deinen höheren intellektuellen Fähigkeiten nichts anfangen. Es erlaubt dir, nach Innen zu gehen und äusserliche Realitäten zu projizieren. Das ist eine Interpretation.

Toni: Also ergründest du die Grenzen der inneren Realität.

John: Ja.

Toni: Nun, in meinen Selbstversuchen desselben Gebietes bin ich zum Schluss gelangt, dass ich nur ein Teil des Ganzen bin, und dass es keine Möglichkeit gibt, dass ich das Ganze erforsche, also ist das nur . . .

John: Ich habe niemals behauptet, das Ganze zu untersuchen.

Toni: Nein, aber wenn du nur ein Teil bist, gibt es Grenzen, die du untersuchen kannst.

John: Immer richtig.

Toni: So hast du nun die Grenzen erreicht, die ein Teil des Ganzen erforschen kann, würdest du es so ausdrücken?

John: Nein, nicht alle. Ich bewege mich innerhalb derselben Begrenzungen wie jeder andere. Wenn du in die eine Richtung schaust, kannst du nicht in die andere sehen. Du hast einen Blickpunkt. Wenn dieser innen liegt, wird das Äussere vernachlässigt. Wenn er aussen liegt, verdrängst du das Innere. Ein Läufer muss ein äusserlicher Typ sein, ebenso ein Baseball- oder Fussballspieler. Jemand der Auto fährt, sollte sich nach aussen orientieren. Wenn du aber schläfst und träumst, dann bist du nach innen gerichtet. K entspricht mehr dem Letzteren.

Toni: Nun, ich bin sehr sehr glücklich, dass du wieder zurück bist, John, denn du hast die äussere Realität in der Tat vernachlässigt. Ich glaube, du hast deine Freunde und sicherlich auch unsere Beziehung stark vernachlässigt. Ich trug aber immer den festen Glauben in mir, dass du zurückkommen würdest. Nicht nur aufgrund deiner bisherigen Gewohnheiten, sondern auch durch eine innere Sicherheit, dass deine Beobachtungen dieser Realitäten etwas sind, das du aufschreiben könntest, damit andere nicht selber so weit zu gehen brauchen.

John: Dein Glaube und deine Loyalität trugen mich hindurch – und deine Liebe. Dank dir, meine Liebe, ich schätze dich hoch.

Toni: Ich danke dir.

Human/Dolphin Foundation
Box 4172
Malibu, Ca 90265
USA

John Lilly   Antonietta Lilly

DER DYADISCHE ZYKLON

**Innere und äussere Entwicklungen
zweier Zentren - eines Paares**

292 Seiten, 15 Abbildungen
broschiert, 29.80

Dr. John Lilly und seine Frau
Antonietta erleben und erforschen
die vielfältigen und oft
erregenden Erfahrungen der
Kombination zweier Zentren und
unternehmen den Versuch,
beide, den männlichen und den
weiblichen Zyklon zu einer
Dyade zu verschmelzen.

SPHINX VERLAG BASEL